私は「お魚系」開発コンサルタント

―アジア、アフリカ、中南米　国際協力最前線で36年間―

土居正典

はじめに

私は政府開発援助（Official Development Assistance／ODA）の業界で働く「開発コンサルタント」である。専門分野が魚の養殖なので、自分では「お魚系」開発コンサルタントと呼んでいる。

私は25歳で民間コンサルタント会社に就職し、31歳のときに外務省所管の特殊法人「国際協力事業団（Japan International Cooperation Agency／JICA）」の長期派遣専門家としてマレーシアに赴任した。帰国後、その会社を飛び出して一匹狼となり、大学で魚類学を学びつつ、再びJICA専門家としてタイに赴任した。その後、インテムコンサルティング社の創業に参加し、以降、プロジェクト受注競争に連戦連敗して途方に暮れたり、導入した技術が的外れで役に立たず赤恥をかいたりと、紆余曲折はあったものの、36年間この業界で働いてきた。現在はインテムコンサルティング社の代表取締役をやっている。従業員40人の業界30番目くらいの小さな会社で、社長といっても世界の現場を飛び回っているプレーイングマネージャーである。

私がこの業界に入った1980年代半ば、日本は「Japan as Number One」と謳われ、右肩上がりのODA予算を背景に、開発コンサルタントという名の職業が社会的な地位を獲得した。開発途上国で実施される国際協力事業は、一旗揚げようという若者には魅力的な世界に見えた。いまでは世界の覇者を窺う勢いの中国にも、当時は盛んに円借款（ドルではなく円貨ベースで供与する低金利融資）という名の経済協力を展開していた。

それが現在、世界のＯＤＡ勢力図で日本の地盤沈下は著しい。１９９３年から２０００年に世界最大の援助大国だった日本は、２０１５年には米国、英国、ドイツ、ＥＵに次ぐ第5位に転落した。総拠出額では米国３１７億ドル、日本１５０億ドルと半分程度になった。途上国からの返済分を差し引いた純支出額では米国３１０億ドル、日本90億ドルと3分の1である。ちなみに近年の中国の対外援助は50～60億ドルと推定され、近い将来に追い越されそうだ。最近は中東産油国でもＯＤＡを増額しており、サウジアラビアの２０１６年の援助額はすでに１４５億ドルと日本を上回る水準になっている。

この先、日本の国際協力業界は世界で生き残っていけるのだろうか。

日本の国際協力事業の総本山はＪＩＣＡ（２００４年に「独立行政法人国際協力機構」に組織再編）や「日本国際協力銀行（Japan Bank for International Cooperation／ＪＢＩＣ）」だが、その「技術協力」の実務を担い、最前線に派遣されて現場で汗をかいてきたのは、私たち開発コンサルタントやＮＧＯ（非政府組織）、民間企業である。

「開発コンサルタント（Development Consultants）」とは、主に開発途上国の社会開発にかかる政策立案、計画作成、プロジェクト実施、評価という各段階において、さまざまなコンサルティングサービスを提供する職業である。社会開発には公共事業だけでなく民間投資による開発も含まれるが、ＯＤＡの範疇ではすべて公共事業といってもよい。そういうと道路や港湾、空港といった社会インフラの設計監理に携わる技術者をイメージするかもしれないが、医療や教育、環境、ジェンダー、農業、そして私のような水産分野も含む全体を、いわゆる経営コンサルタントと一線を画す意味で開発コンサルタントと呼んでいる。

コンサルタント、専門家、NGOはやっていることが違うのかとよく聞かれる。私は、業務の中身は同じようなものだが、発注するJICAとの契約形態や待遇の違いでそういう呼び方になっているだけだと答えている。私の場合は、水産分野や環境分野の専門性をもった開発コンサルタントということである。

私はJICAの職員でも外交官でもないので、日本政府の海外援助戦略について論じるつもりはないが、これまでの経験から、開発途上国の援助プロジェクトの現場で発生する問題には精通しているつもりである。現場では技術的な問題だけでなく、文化や習慣の違い、関係者の利害や思惑の違いに起因するさまざまな局面に遭遇する。しかもそれは、プロジェクトの外側にいる関係者との調整だけにとどまらず内部の人間関係の調整も大きな課題となる。開発コンサルタントは専門分野の技術的な課題に加え、そうしたさまざまな課題を自分の知力、体力あらゆる手段を尽くして解決し、成果を出していかなければならない。

本書は、開発コンサルタントとして、あるいはコンサルタント会社の経営者として36年間、世界約40カ国、70件以上のプロジェクトに参加してきた自身の足跡を振り返り、そのなかで体験したこと、考えたこと、感じたことを率直に述べたものである。国際協力事業に関心がある人、とりわけこれからこの業界に飛び込もうという関心、意欲をもつ若い人たちに読んでもらいたいと願って出版した。

また、ODAという言葉を聞いたことはあるが、実際どんなことをやっているのか知らない人たちにも楽しみながら読んでもらい、世界の開発途上国の現場で、いま、どのようなことが起きているのか、開発コンサルタントがそれにどのように立ち向かっているのか、その一端を知っていただき、これからの国際社会における日本の国際協力事業の意義やあり方を考える参考にしていただければ幸いである。

目次

カバーイラスト　秋山孝
装丁・ＤＴＰ　安部彩野デザイン事務所
編集協力　中村玲子事務所

序章　開発コンサルタントの休日—西アフリカ・コトヌーの一日

2018年3月。私は西アフリカ、ベナンのコトヌー市にいる。

ベナンはナイジェリアの西隣に位置する小国である。コトヌーは首都ポルトノボの西25キロにある人口約80万人の港湾都市で、政治的経済的に実質的な首都機能を果たしている。ベナン北部で栽培されている主要農産品の綿花の積出港であるとともに、ここで荷揚げされた物資は、国内だけでなく北部で国境を接する内陸国ブルキナファソ、ニジェールなどに流通されている。

今日は土曜日で仕事は休みだ。宿舎は、市内のレストラン街ココティエ地区に近いレバノン人が経営する7階建てコンドミニアム5階の40平方メートル、小奇麗な家具付きの1LDKだ。10年前この国に初めて来たときはエレベーターもない古いアパート暮らしだったが、開発途上国の発展は日進月歩だ。

私はいま、国際協力機構（JICA）と業務実施契約を交わし、「ベナン国内水面養殖普及プロジェクトフェーズ2」の総括（プロジェクトマネージャー）として、ここに滞在している。この国にティラピアやナマズなど魚の養殖技術を普及させる仕事で、その現地責任者である。

日本からベナンにはパリ経由となる。羽田発の深夜便を利用するとパリまで11時間。7時間のトランジットでベナン便に乗り継ぎ、6時間でコトヌー国際空港に着く。約24時間の旅程である。

空港に降り立つとアフリカ独特の香りと熱風に包まれる。北緯6度という赤道近くなので、3月はもう十分に暑い。数年前までは機内預け荷物を受け取るターンテーブルがガタガタで、ポーターが我先にと争うものだから、途上国にありがちな阿鼻叫喚の世界となったが、最近はおおむね紳士的になってきた。

到着して2週間、関係者への挨拶、プロジェクトチームの会議、現地視察調査とあわただしい日々がつづき、きょうは久しぶりの休日だ。

朝5時半起床。平日なら一仕事して、車で15分のベナン農畜水産省水産生物局内にある事務所へ向かうのだが、昨夜は向かいの中華料理屋で仲間とガッツリ飲んで二日酔い気味だ。とはいえ、休日でもメールチェックは欠かせない。日本との時差は8時間、東京はいま午後1時半。日本の週末にごっそりと送られて来ている最終便メール、世界のあちこちで仕事している社員からのCCメールをチェックし、急ぐ事案に返信する。西アフリカとはいえネット環境の向上はめざましく、メールから解放されることはない。

さて朝飯だ。といってもポットでお湯を沸かすだけ。アルファ米（災害備蓄用の保存食）という優れもののおかげだ。派遣期間が長くなるとこのような短期契約のアパートを借りるので、朝食は自炊となる。料理が得意な人は電気炊飯器持参で腕をふるうが、不精な私にはとても無理。これがアジアなら、外に出れば店や屋台が並んでいるが、アフリカではそうはいかない。

むかしはサトウのごはんやパパッとライスを、重いのを我慢して持ち込んでいたが、最近はこればかりだ。熱湯をパックに注げば15分でできあがり。なかなかイケル味だ。アフリカのレストランで出されるご飯の10倍はうまい。今回もスーツケースに一杯詰め込んできた。これに持参のサケフレークやなめ茸の瓶詰、梅シソ、瀬戸風味ふりかけ、お茶漬け海苔などで食べる。最高だ。

朝飯が終われば、週末午前の定番はテニスだ。以前、ＪＩＣＡの長期専門家だった時代はゴルフに精を出していたが、限られた短期契約の開発コンサルタントにとって丸一日つぶれるゴルフはもったいないので、テニスにした。ラケットはスーツケースに収まるし、時間は半日あれば十分。対外的にもゴルフよりは好感をもたれる。途上国でも大きな都市ならそれなりのコートはあり、コーチもいる。カンボジア、コートジボワール、モザンビーク、モルディブとプレーしてきた。コーチ代は1時間10~20ドルといったところか。日本に比べれば安いものだ。

顔なじみのコーチがいるアッパッパ地区へタクシーで休日通勤だ。10分ほどの距離だが2時間借上げで往復８０００ＣＦＡフラン（約１６００円）。タクシーは高いが、庶民が使うゼミジャンと呼ばれる乗合いバイクは、安全上の理由でＪＩＣＡ関係者の利用は禁止されているから、しかたない。コーチはもちろんテニスは上手いのだが、特別な指導はなく、ひたすら打ち合うスパルタ教育である。午前11時半、ギブアップして帰宅する。

この季節、コトヌーの日中体感温度は35度くらいだから、汗びっしょりのテニスウェアと溜まった下着を洗濯する。洗濯機はないから、シャワーと同時に手洗いだ。洗濯物が多いときはクリーニング屋に出すが、ロクな仕上げにならないし約束の期日は守ってくれない。絞らないで乾す形状記憶シャツや薄手のズボンの乾燥法も習得済みだ。

洗濯物を干しながらビールの小瓶をぐい飲みする。ハイネケンはじめアンダーライセンス生産でカステル、フラッグ、ボーフォーと豊富だ。お薦めはエクーだ。キレ味がいいし、キャップを銀紙で包んだパッケージがお洒落だ。昼飯はイタリア産スパゲッティを茹でて、和風たらこソースをからめる。これを薄めのバーボンソーダを飲みながら流し込み、再びメールチェック。そしてプロジェクトの資料作成にかかるが、眠くなって途中からお昼寝タイムとなる。

うとうとしていると誰かがドアをノックする。開けると見たこともない男がリュックを背負って立っている。そうだ、忘れていた。朝、テニス仲間に散髪屋の派遣を依頼していたのだ。30代半ばの長身のリュック男はゆっくりと部屋に入ると、私を鏡の前のイスに座らせた。男はリュックからぶかぶかの白シャツを取り出し、前うしろ逆にして私に着せた。ヘアエプロンの替わりだ。おもむろに電動バリカンを取り出し、手で髪型をなでて確認すると、いきなりカットしはじめた。手慣れているようだが、いつまでたってもハサミの出番はない。バリカン一本でフィニッシュとなった。

現地の人は天然パーマで丸刈りがふつうだから、こうなのだろう。仕上がりは「ちょっと違うかな」と思いつつ、言葉も通じないから「ＯＫ、ＯＫ」。現地通貨で５０００ＣＦＡフラン、日本円で約１０００円だ。まあ妥当なところかな。次も頼むかどうか複雑な心境だ。

再度シャワーを浴びて頭がスッキリしたので買い出しに行く。ふだんは持参したサバやサンマの缶詰、レトルトカレー、崎陽軒のシュウマイ真空パックなどのお世話になっているが、きょうは気分が前向きなので、近所のスーパー、マルシェ・ドゥ・ポンに歩いて行く。高級食材のチェーン店だ。コンビニほどの大きさの店舗で、輸入品を中心に日用雑貨も売っている。精肉、ソーセージ、輸入チーズ、高級サーモン、冷凍イカなどもある。

今夜は、持ってきた出張者用「ロングライフ豆腐」で水炊きに決め、鶏の手羽先を買う。店の奥のワイン倉にお気に入りのプリミティボが入荷していたので、このイタリアワインもゲット。コトヌーの生活は

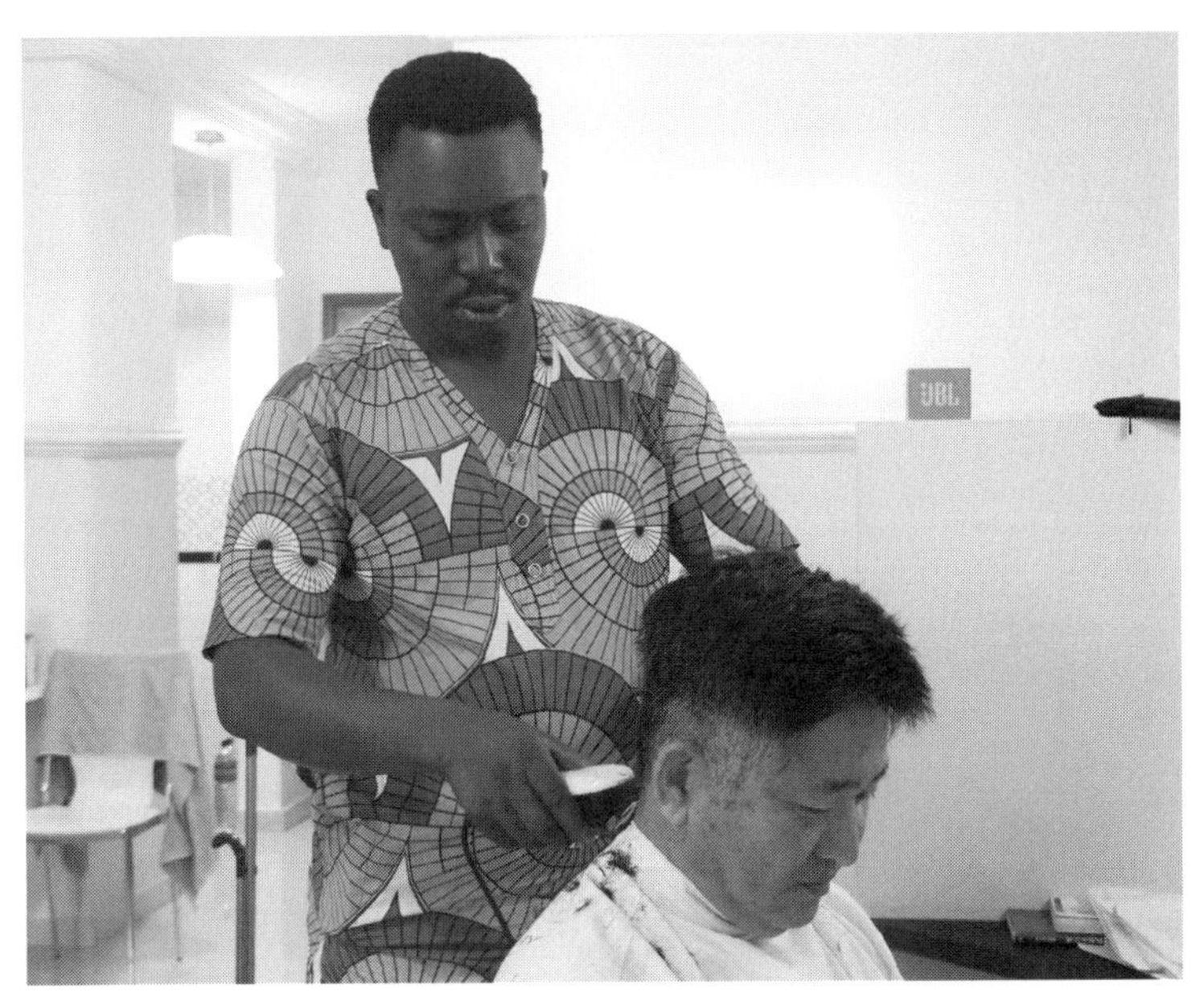

ベナンの出張散髪屋さんは電動バリカン1本だけでフィニッシュ。

八百屋さんは民族衣装ボンバの太っ腹かあちゃん。

いまひとつ気に入ってないが、手ごろな価格で美味しいワインが飲める点だけは高く評価している。いつもはボルドーやブルゴーニュだが、なんだかきょうは気分がいい。

ただ店のレジではいかにも不機嫌そうな、やる気なさそうなおねえさんの洗礼を受けるので気が滅入る。この店はとくにそうなのだが、愛想ってものが感じられない。ベナンに限らず西アフリカのフランス語圏の人たちは一般にこの傾向が強いようだ。

問題は野菜だ。現地産の白菜はない。輸入物はバカ高い。だからスーパー前の路上で商売する八百屋のおばさん、いや、おねえさんから調達することになる。ここはスーパーのレジ打ちおねえさんとはがらりと変わって、いたって元気な太っ腹かあちゃんだ。アフリカ的でカラフルな民族衣装のボンバをまとって、これ要らないか、あれ要らないかとぐいぐい押してくる。黙っていると勝手にビニール袋に詰め込んでしまう。言葉はフランス語だが、残念ながら私のフランス語では太刀打ちできない。猛攻撃をかわしながら、レタスとキャベツを買う。白菜の代用品だ。これだけでは寂しいのでパクチーも買う。さらに、買う気もなかったがマンゴーも調達せざるをえない羽目になった。

料理といっても水炊きだから、鍋に材料を放り込んで沸騰させるだけ。部屋のキッチンにはプロパンガスのコンロがある。晩餐のお供はワインとテレビ。テレビはフランス語と現地語のフォン語でしかやっていない。語学習得の向学心が薄れてきた私は、ネット動画専門だ。インターネットの発達で日本のネット動画がパソコンで見られる。アパートのネット環境は繋がったり繋がらなかったりその日次第だが、幸か不幸かいまは、現地のシムカードを入れたスマホ経由でパソコンに接続できる。多少コストはかかるが、アフリカで日本のドラマやバラエティが見られるのだから文句は言わない。

ワイン片手に大好きな日本のテレビドラマ「孤独のグルメ」シリーズを見ながら、道端で売っていたベナン産カシューナッツをボリボリ。そして特製の水炊きを突く。タレのポン酢はこだわりの高知県馬路村のゆずポン酢。ふるさと土佐の逸品だ。昨夜あれだけ飲んだのに今夜は別腹と、飲むほどに気は大きくなり、幸せな気分だ。たちまちワインが空き、締めのナイトキャップはシーバスリーガルのオンザロック。そのままベッドに倒れ込む。

朦朧とした頭で念のため、この日最後のメールチェック。ありゃりゃ、う〜ん面倒くさい問題が。ああ、見なきゃよかった。

こうして休日を振り返ってみると、途上国で働く開発コンサルタントの自分が虚しくなることもある。しかし、途上国の現場でしか味わえない非日常的な喜怒哀楽もたくさんある。突然の停電に水漏れ、アポのドタキャン、交通渋滞に交通事故、下痢に歯痛、デング熱にマラリア、アパートでのゴキブリとの格闘、週末テニス、タイやイタリアなど各国料理の食べ歩き……。夜も更けると肉感的なアフリカ美女がたむろする世界もそれなりにある。世界中どこもそうだが、この手の女性は近隣諸国からの出稼ぎが多く、サービス精神が旺盛なようだ。危ないあぶない。

私がこの業界に入った動機は、開発途上国の発展に貢献したいなどという優等生的な考えではけっしてない。いや、少しはあったが、自分の専門性を最大限に生かすことで最大のリターンが得られる場として選択した結果だった。もっと言えば、日本国内では水産業の発展なんて高が知れているし、伸びしろのある海外のほうが面白そうだと夢見たからだ。いまでも、そういう自分に納得している。だから、還暦をすぎても頑張ってしまうのだろう。

私は、私のような気概のある若者たちに、この世界へ飛び込んできてほしいと願っている。そのためには、開発コンサルタントという職業の実際の姿を知ってもらい、その魅力を広める努力も必要だと考えている。「どうです、こんな仕事ですが、やってみませんか」と。向き不向きはあるだろうが、本書を読んで、多少なりとも興味を魅かれた人にはお勧めできる職業かもしれない。

さあ、寝よう。週明けには現場での養殖研修コースがあり、そのあとは、政府のお偉いさんが一堂に会するプロジェクト委員会が控えており、それを無事に乗り切る算段をしないといけない。

それでは、これから開発コンサルタント36年の足跡を振り返ってみよう。

庶民の足のセミジャンが走るコトヌー郊外の町のようす。

JICA養殖普及プロジェクトの研修コースに参加した養殖家の女性たちが
支援に感謝してお礼の踊りを披露してくれた。

第一章　私が業界に入るまで

高知の畳屋の倅（せがれ）、東京をめざす

私は1957（昭和32）年に高知県高知市朝倉町、現在の南はりまや町で畳屋の長男として生まれた。はりまや橋は、行ってガッカリする日本の三大観光名所の一つと揶揄されるが、子どものころはちゃんと橋が架かっていて、堀川もしっかり流れていた。家は、はりまや橋から歩いて5分ほどのところにあった。

私は小さいころから生きもの、とくに魚が好きで、近くの川や海で釣りに熱中していた。ウグイやオイカワ、ハゼ、テナガエビ、キス、ヒイラギなどがよく釣れ、みんな母が料理してくれた。

畳屋とはいえ比較的大きな店だったので塾にも通わせてもらい、私立の名門土佐中学から土佐高校に進学した。高校時代もよく釣りに出かけ遊んでばかりいて、世間並みの不良っぽさも経験した。3年になって家業を継ごうか悩んだが、人生一回、自分の好きなことをやってみるかと、当時、高知新聞社から『土佐の魚』という本を出版していた高知大学教授で魚類学の泰斗、落合明先生に相談に行った。魚関係の仕事をしたい、海洋牧場とか養殖開発にも興味があると話すと、東京水産大学（現在の東京海洋大学）を勧められた。高校の担任の先生は、そんな大学があることすら知らなかった。

1975（昭和50）年2月、高知から汽車で高松へ、宇高連絡船で岡山へ、そして新幹線と乗り継いで

花の都東京に。家からは浪人させる余裕はないと言われての一発勝負の挑戦だったが、見事というか予想を裏切って合格した。あのときの感激は忘れられない。

東京水産大学水産学部増殖学科に入学

1975年4月、東京水産大学（東水大）水産学部増殖学科に入学した。水産学部入学者は240人、増殖学科の同級生は60人だった。東京都品川区にあるキャンパスは情けないほど狭かったが、学生数が少なく、一人当たりの面積では首都圏ナンバーワン。練習船を所有していることもあって、大学の予算（運営交付金）は東大医学部並みというのが自慢だった。その構内にある小汚い学生寮に入った。

寮は定員8人の大部屋で、部屋の両側に学習室兼寝室の2段ベッドが2つと机が4つあって、それが2部屋。学習室とはいうものの、まあ勉強する環境ではなかった。寮費は月1万8000円で、日曜祝日を除く朝昼晩の3食付き。とにかく安かった。1年生の私と2年、3年、4年、専攻科と呼ばれる5年、それに学生運動で退学処分になった6年生の6人が同室だった。

寮生活は完全年功序列制で、掃除は1、2年生の当番。当時は学生運動も下火になりつつあったが、3年前の浅間山荘事件の連合赤軍メンバーの1人の母校でもあり、構内には三里塚闘争勝利、パレスチナ解放戦線断固支持などの立看（タテカン）が並んでいた。

酒と麻雀とバイトと野球の大学生活

はるばる高知から青雲の志で入学したものの、やがて毎日、野球部の練習にアルバイト、酒と麻雀の退廃的な生活にはまっていった。野球部は本格的な硬式だったが私はまったくの初心者で、甲子園にも出場する土佐高とはいえ、野球部出身ではなかった。なんとなく、やってみるかの軽い気持ちだった。アルバイトは冷凍倉庫の荷役作業で、1日5000円と割がよかった。岡林信康の「山谷ブルース」の世界そのもので、バイトが終われば北品川商店街の東水大生御用達の安酒場へ、焼酎をあおりに繰り出していた。

当時、高度経済成長は息切れしていたが、それでも日本はまだやれるという空気が蔓延していた。水産分野でもイワシの豊漁がつづき、1975年の漁業生産量は1000万トンを超え、世界一の地位を堅持していた。

私がめざす魚の増養殖の将来にも期待がかかり、「獲る漁業から作る漁業へ」のスローガンのもと、放流用種苗を生産する栽培漁業センターが各地に整備されていた。マダイの種苗生産が軌道に乗り、ヒラメの種苗生産に成功し、ウナギの成熟卵が得られ、アユの養殖事業がはじまるなど明るい話題が多かった。海外でもクルマエビの種苗生産技術をウシエビ(ブラックタイガー)に応用して東南アジアで養殖事業がはじまり、日本の養殖技術は世界の脚光を浴びていた。

英語はだめでも落第覚悟でスコットランドへ

大学2年のとき、スコットランドからの社会人留学生ウォルフォードさんが、帰国して日本の技術を導入したホタテガイの養殖をはじめることになり、その手伝いの学生を募集した。同級生で英語サークル(ESS)の荒井康晴さんからいっしょに行かないか、と誘われた。私は英語はだめだったが、いつかは世界への夢を持っていたし、2年生の一般教養的な授業は面白くなかったので、即OKした。

ところがこの計画を実行すると後期試験を受けられず、3年進級があやしいというので、魚類学研究室の安田富士郎先生に相談に行った。すると、「そんな体験は試験よりずっと大切だ。あとで見聞録を英語で提出すればいい」と背中を押してくれた。ほかの先生には追試をお願いしたりして、なんとか落第せずにすむことになった。窮すれば通ずというか、それも時代というか、当時の大学には話せばわかる先生が何人もいた。

1976年5月、スコットランドへ出発した。ところがパキスタン航空の各駅停車の格安チケットは初日からつまずき、当日は欠航。羽田から引き返して品川パシフィックホテル泊まりとなった。翌日今度はきちんと出発となり、香港～バンコク～クアラルンプール～シンガポールを経由してカラチで1泊。金はないが時間はたっぷりあるとはいえ、38時間の長旅でロンドン着。

「How are you?」もあやしい私は、ひたすら荒井さん頼みだが、ESSの荒井さんも駅で切符を買うのに、「Oxford」は何度発音しても通じなかった。汽車を乗り継ぎ、なんとかスコットランドの西岸、北緯57度付近のスカイ島までたどり着いた。目的地はまだ先で、そこから離れ小島の目的地スカルペイ島へは船外機付きの小さなボートで渡った。

島で待っていたのはホームスティという名の労務提供。来る日も来る日も、日本から取り寄せたホタテガイの採苗器の組み立てと海砂を使った重り作り、垂下用筏と採苗器の設置だった。そして夜は英語の勉強に明け暮れた。それでも休日には、海に潜って天然のホタテガイを獲ったり、島の小さな湖でマス釣りをしたりの青春ど真ん中を謳歌した。

ヨーロッパ無銭旅行で武者修行

採苗器の設置が終わると、ホタテガイの幼生が付着するまで1カ月ほどは作業がなくなる。1976年8月、私たちはヨーロッパ一周の旅に出かけた。

ロンドンから荒井さんは音楽関係が好きということでドイツ～オーストリア～スイスなどを北回り、私はいい加減な性格で温暖なところが好きだからスペイン～ポルトガル～イタリア～ギリシャを南回りの無銭旅行計画を立て、1カ月後にロンドンでの再会を約束し、案内書のいい加減な情報を頼りに、あとは気合だと出発した。

移動はユーレイルパス。鈍行列車で1カ月間ヨーロッパ中乗り放題の割引切符だ。ロンドンからパリ～マドリッド～リスボン～バレンシア～ニース～ローマ～ナポリ～ブリンディシ～（海路）～アテネ～（空路）～ロンドンと、言葉も通じないまま知らない街で宿を探し、飯を食い、うろうろ歩き回った。バレンシアでは大学の先輩の小林清春さんがいた水産試験場に押しかけてお世話になった。こんな一人旅は武者修行のようなもので、自分を追い込む貴重な体験となった。1カ月後、2人は無事ロンドンで再会。ほんとうに抱きあって涙した。

スカルペイ島にもどり、採苗器に付着して生育した1～2センチの稚貝を養殖用ネットに移して吊り下げ、予定の業務を終了、帰国した。実は、この年の採苗結果は思わしくなかったのだが、ウォルフォードさん一家は次の年も同じ方法でチャレンジして、やがて大量の種苗を育て、この地域のホタテガイ養殖事業のパイオニアとなった。後年、スコットランドのホタテガイ養殖のニュースを聞くたびに、最初に挑戦したのは「この私だ」なんて心の中で叫んでいる。

来る者拒まずの自由人の集まり「資源研」

帰国して試験も受けずに「優」をもらって3年に進級した私は、海外で一皮むけたみたいな思い上がりもあって、実験や実習を面倒臭く感じるようになり、英語の論文を読んでは理屈っぽいことを吹聴しながら、酒と麻雀に明け暮れた。そのころ出入りしていたのが「水産資源研究施設」だった。寮の北側にあった二階建ての建物で、卒論研究をおこなう4年生や大学院修士課程の先輩たちの末席に机を並べさせてもらった。

通称、資源研と呼ばれるこの施設は、大学の正規の講座ではなく、ちょっと変わった自由人の集まりみたいな研究室だった。私はここで元水産庁水産研究所の小笠原義光先生に可愛がってもらった。現在でもカキ養殖の基礎技術となっている耐性種苗の有効性を科学的に証明し、養殖業者を説得しながら普及していった養殖技術開発の大家である。大学の授業は持たず、もっぱら自分の研究と修士の学生を指導し、私のような者でも来る者は拒まずだった。生物好きで現場肌の学生が流れ着くところでもあった。

小笠原研究室に新しく助教授として着任したのが、私の生涯の師となる多紀保彦先生である。そして、助手として来る日も来る日も顕微鏡を覗いていたのが大野淳先生で、先輩にはのちに鹿児島大学水産学部長になる越塩俊介さん、同級生には水産庁中央研究所（現国立研究開発法人水産研究・教育機構）に職を得てマリアナ海溝で成熟した親ウナギの捕獲に成功した張成年さんなどがいた。私も含めみな研究者の卵だった。多紀先生の前任はあの魚類学研究室の安田先生で、安田研究室の同級生にはのちに同研究室の教授となる河野博さん、国立科学博物館の動物研究部長となる倉持利明さんなどがいた。

卒論はコトヒキ稚魚の広塩性研究

資源研での学部の3、4年生の仕事は魚の飼育管理で、小笠原研究室の研究テーマは魚類、甲殻類、貝類などすべての有用水産生物の増養殖で、いわば海の生きものならなんでもありの世界だった。魚類ではこのころから世界各地で養殖されはじめて食料問題解決のスター魚といわれたティラピアの飼育・繁殖、汽水性の観賞用熱帯魚モノダクティルスの飼育試験、マダイやヒラメの種苗生産試験、甲殻類では世界最大の淡水エビのオニテナガエビの飼育・繁殖、アクアトロンという先進的な水温調整水槽でのロブスターの飼育、貝類ではカキ幼生の付着メカニズムの研究、種苗生産で使用するナンノクロロプシス（ワムシの餌となる微小藻類）とワムシ（仔稚魚の餌となる動物プランクトン）の培養などさまざまだった。

私は卒論研究のコトヒキ（シマイサキの仲間）の稚魚の広塩性（海から淡水域に移動できる生理的能力）の獲得に関する飼育実験をやりながら、染色体の研究材料となる魚を釣ったり、精子の運動性の調査目的で漁船に乗ったり、小笠原先生から勧められて精子の凍結保存を先駆的に研究していた東京大学の大学院生黒倉寿さん（のちに東大大学院農学生命科学研究科教授）のもとへ押しかけて教えてもらったりしていた。いまから思えば自由闊達ということだったのだろう。

もの好きしか行かない大学院に進学

4年生になり公務員試験も受けたが、受験勉強ゼロでは合格するわけもなく、大学院に進むことにした。当時は、大学院と公務員（水産庁や県の水産試験場など）だったら誰もが後者を選択する時代で、修士課程までしかなかった東水大の大学院は、もの好きがいくモラトリアムみたいに考えられていた。実際、担当教授の引きがあって語学試験をクリアすればほぼ合格できた。私は担当が小笠原先生で、英語には自信があったし、第二外国語のフランス語は辞書持ち込み可のルールだったのでクリアできた。

大学院にはもちろん研究者になりたいこともあったが、当時、魚類学研究室が中心になって進めていた地中海クロマグロの人工授精という、スケールの大きなプロジェクトへの淡い期待もあった。

クロマグロの人工授精プロジェクトでシチリアへ

大学院では望みどおり地中海クロマグロのプロジェクト要員となり、産卵期の6~7月には2年間、イタリアのシチリア島西端のファビニャーナ島に張り付いた。ここには大型マグロ漁の定置網があって、成熟したマグロによる人工授精の可能性が期待されていた。資源研の越塩さん、魚類学研究室の河野さん、後輩の須田有輔さん（のちに国立研究開発法人水産研究・教育機構水産大学校教授）がいっしょだった。

クロマグロの精子を凍結保存して、成熟卵が採れたら人工授精させるのが私の任務だった。水揚げされた100キロ級の大型マグロの巨体に、体当たりする感じで腹部を押して精子を絞り出し、大型注射器に採取してラボ（実験室）へ運び、抗凍結溶液で希釈したのち、液体窒素（マイナス196度）に浸して凍結保存する。海水魚の精子は凍結しても機能の劣化が少なく、マグロの精子の凍結保存後の活性、つまり運動活性とその持続時間を初めて観察することができた。この結果は学会誌にも発表した。

しかし、2年間では成熟した卵を得ることができず、壮大なプロジェクトは所期の目標を達成できずに終了した。クロマグロの種苗生産技術はその後、近畿大学水産研究所が中心となって、人工環境下で成熟産卵を達成する完全養殖で成果を上げ、現在に至っている。

このシチリアでの現地調査は、スコットランドの経験があったとはいえ、一人前の知識もないまま勢いだけで取り組んだ感じだった。それでも、なにより楽しい青春の思い出ではあった。

サケの精子の凍結保存で岩手県大船渡へ

結果的に、このクロマグロの人工授精プロジェクトでは修士論文まで議論を進められるデータを得ることができず、しかたないので、マグロのオフシーズンに採卵できるサケをターゲットに変更して、岩手県の北里大学水産学部（現北里大学海洋生命科学部の三陸臨海教育研究センター）の井田齋先生の門を叩いた。１９７９年10～12月、岩手県三陸町の先生のアパートに住み込み、サケの精子の採集と凍結保存の実験に精を出すことになった。

とはいえ、サケの精子の凍結保存はマグロなどの海水魚よりはるかに難度が高かった。凍結後の受精能力が大きく低下するからで、海水魚の精子は海水に放出されても数十分間は運動性が保持されるが、サケは長くても30秒しかもたない。この分野の指導教官は周りにはおらず、海外で発表された論文の追試的な実証試験みたいなかたちで実験を進めた。

惨憺たる結果の3年間の研究生活

さらに成果の判定が厄介で、海水魚なら人工授精後、数時間で受精卵の卵割がはじまるので顕微鏡で確認して受精率を出せるが、サケの卵は大きくて内部の観察がむずかしく、卵内で仔魚が成長して眼点といわれる黒い眼が肉眼で見える時点まで待たなければならない。期間も早くて2～3週間、水温が低いと2

カ月後になる。しかも授精率たるや通常1～2パーセント、高くても5パーセント程度である。授精試験をやってもやっても、結果は惨憺たるものだった。

冬の三陸生活は1979年から1981年までの大学院2年間と、就職浪人の3シーズンつづけた。番屋ではサケ汁とイクラ飯を食べさせてもらい、採卵作業を手伝いながら精子を採集していた。帰りにもらったサケを自分で塩鮭に加工し、それをつまみに飲み明かす日々だった。こんな生活ができたのは井田先生の人柄と、協力してくれた当時北里大学生だった今井明さんのおかげである。今井さんは成績優秀で、将来は大学の研究者か開発コンサルタントのホープと思われていた。思われていた、と過去形で話さざるを得ない痛恨の出来事がのちに待っていたのである。

「カナガワセンター」で国際協力の仕事を知る

入学から6年、好きなことをやりたい放題やった結果、さすがにすんなり就職とはいかず、修士号はもらったものの、東水大生活は7年目に突入した。体のいい就職浪人である。そこでまた転機が訪れた。

1981年、指導教官の多紀先生の口利きで、神奈川県横須賀市にあったＪＩＣＡの神奈川国際水産研修センターに住み込みアルバイトの職を得た。開発途上国から水産分野で日本に来る研修員のお世話係である。研修は講義と日本各地への視察でおこなわれていた。

当時日本は世界一の漁業大国で、研修センターは人気があり、活況を呈していた。各国政府の幹部候補生ばかりだが、そんなことはおかまいなしに漁業実習や魚の飼育試験などをやってもらう。上に立つ人は自国で現場実習などに参加することはないし、だからといって、そうそう技術的なことを質問することも憚られるという事情もあったようで、日本の田舎でリフレッシュすることもうれしかったようだ。

この当時、途上国で面会する高級水産官僚に「カナガワセンター」と言えば、「私も研修生でした」といきなり友達になれたものだ。しかし、そういう牧歌的な時代はやがて終わり、神奈川センターは2002年に「JICA横浜国際センター」に統合される形で閉鎖された。現在も水産分野の研修活動はおこなわれているが、なんだか肩身が狭く感じられる。時代の流れと変化の大きさを実感する。

こんなことをしていた1982年、またも多紀先生の口利きで、「システム科学コンサルタンツ」という当時売り出し中の開発コンサルタント会社に就職することになった。

資源研の玄関で。前列右から多紀先生、越塩さん、小笠原先生、大野先生（左端）。後列右から2人目が筆者。

大学院修士課程の修了式で。右から小笠原先生、筆者、多紀先生。

第二章　駆け出しコンサルタント奮闘す

システム科学コンサルタンツに入社

1982年2月、システム科学コンサルタンツに入社した。東大農学部卒の水産系OBが役員の会社で、精子の凍結保存でお世話になった黒倉さんも一時在籍していた。東京市ヶ谷の事務所へ面接に行くと、「よかったら明日から来い」と言われ、大学の寮から通うことになった。青雲の志で上京、入寮したあの小汚い寮からである。私は大学院時代の2年間、こんな寮生活とはオサラバしようと下宿生活をしていたのだが、就職浪人で金もなくなり、しかたなく7年生として舞い戻っていたのである。

システム科学は、これから水産分野の国際協力コンサルタント業務に力を入れる方針で私を採用したというのだが、当面その分野の仕事はなく、畑違いの国内コンサルタント業務を手伝った。○○市開発計画とか○○町土地利用計画、○○市交通計画といった類の役所の計画書作りである。右も左もわからない新入社員の身ではなにか言える立場でもなく、残業、泊まり込みが当たり前の生活に入っていった。

冷や汗ものの初めてのコンサルタント業務

初めて与えられた仕事はある都市のフィーダー交通網整備計画で、同時期に中途採用入社した高井壮一さんといっしょだった。高井さんは、上場企業の機械製造メーカーから転職した東大農学部卒の37歳。農業機械が専門で、水産の私ともどもこの分野はズブの素人。「フィーダーって何だろう」「餌でもやるのかな」「バスベイって塀を造るのかも」というレベルだった。実際は、計画中のモノレールに連結（フィーダー）するバスの停留所の歩道側に設ける停車スペースのことで、モノレール駅周辺の整備計画を立案するというか、そのはずだったが、そんな2人が計画書を持って役所へ説明に行っても素人バレバレで、逆に「お2人とも苦労されてますね」と同情される始末。冷や汗ものだった。

しかし、このときの苦労が有益だったことは、後々わかってくる。民間コンサルタントに求められるもの、コンサルタント的な文章の書き方、そして水産は「カナガワセンター」は例外で、JICAではマイナーな分野であるらしいことなど、いろいろと学ばせてもらった。

初の海外派遣業務はワニの養殖調査

こんな下積みを送っているうちに、システム科学は水産分野の国際協力コンサルタント業務を受注できるようになる。これを牽引したのは草野千夫さん（社長）と冨山保さん（常務取締役）の東大水産学科の同期コンビの経営陣で、まだ40歳前後の若さだった。草野さんはのちに開発コンサルタントの業界団体「一般社団法人 海外コンサルタンツ協会（ECFA）」の会長を務めた人である。

私の最初の海外派遣業務は1982年11月、25歳のときの「フィリピン国ワニ養殖研究所建設計画基本設計調査」となった。システム科学が初めて受注した水産分野プロジェクトで、絶滅危惧種となりつつあるワニの保護と、原料用ワニ皮生産の養殖を両立させようと、マニラ西方のパラワン島に研究施設を建設する無償資金協力事業だった。設計コンサルタント会社とのジョイントベンチャー（ＪＶ）で、システム科学はワニの飼育計画と機材計画を担当した。私は正式な団員ではなく、先輩たちの社内支援要員である。平たくいえば下っ端の雑用係だ。

しかし、水産分野といわれてもワニの飼育が私にわかるはずもなく、伊豆熱川のバナナワニ園で人工ふ化器を見せてもらったり、タイのバンコク南部サムットプラーカーンにあるワニの繁殖施設を視察したり、てんやわんやだった。それでもなんとか自分で産卵数と生残率から必要な親ワニの数や生産できる種苗数を試算し、それに応じた施設と飼育機材の設計案を作りあげた。飼育水槽のデザインは高井さんがやった。

このプロジェクトでは、ワニ養殖研究所の建設予定地であるパラワン島の現地調査があり、システム科学の専門家として参加してもらった星野遙先生と島の北端まで車で調査に行った。ところがその帰りに豪雨に襲われ、道路が寸断されて動けなくなった。電話も通じず、腹をくくってその場で野宿することになった。私たちは、立ち往生した多くのフィリピン人とワイワイやりながら楽しく夜明かしをしていたが、帰らない私たちにＪＩＣＡの現地事務所では、遭難かと大騒ぎとなり、翌朝、もう少しで救援のヘリコプターを飛ばすところだったそうだ。開発途上国の現場では、こうした不測の事態がいつ発生するかわからないことを痛感させられた。

マーシャル諸島でフィールドノートを紛失

翌１９８３年２月、再び高井さんとタッグを組んで、「マーシャル諸島貝ボタン製造事業投資計画」というボタン工場建設の可能性調査をやった。海外出張が楽しくてしかたない時代だった。日本にいても薄給で、大学の寮から引っ越した新宿区曙橋のフジテレビ下通りの4畳半の木造アパートから市ヶ谷の会社まで、定期代を浮かせるために歩いて通う生活だったたから、出張費がもらえる海外業務は「いつでもどこでも行きま～す」だった。

南太平洋のマーシャル諸島では、私がマジュロ環礁ラグーン内の海域でボタンの原料となるタカセガイの資源調査、高井さんが事業計画を精査した。貝の資源量調査といってもごく短期間の調査なので、漁業者からの聞取り調査や水揚げされた貝の大きさ調査が中心となった。しかし、それだけではやはり面白くないので、ここは素人だけど一丁やってみるかと、潜水調査を試みることにした。潜水での試験採捕で1時間当たり何個取れるか、という単純な調査である。我ながら若気のいたりで、よくこんな調査をやってレポートにしたなと恥ずかしくも、懐かしく思い出される。

この調査では、事業への投資パートナーがいるポナペ島（現ミクロネシア連邦ポンペイ島）でまず情報収集してから、飛行機でマーシャル諸島マジュロ国際空港へ向かった。ところが機内に、ポナペで記録したフィールドノートを置き忘れてしまった。気づいたときには飛行機は離陸していた。私は呆然とした。

だが救いは、飛行機が翌日、別の島から戻ってくるという。「機内掃除をするなよ。ノートはごみじゃないぞ」と祈った。眠れぬ一夜が明けると、同じ飛行機が空港に着陸した。脱兎のごとく機内へ。なんと「あったあった」。座席ポケットにノートはしっかり残っていた。

本格水産プロジェクトに新婚の妻を同伴

こんな駆け出しの開発コンサルタントだった1983年6月、神奈川水産研修センター時代に知り合った家内と結婚した。26歳だった。いくら安月給でも4畳半一間というわけにもいかず、板橋区向原の2DKのアパートに引っ越したが、結婚しても仕事優先というか、家庭のことを省みない古い体質の私は、生活態度にほとんど変化はなかった。

結婚半月後の7月初めから、「フィリピン国水産物流通システム整備計画調査」の正式コンサルタントの一員として、現地へ3カ月の長期出張がはじまった。新婚ホヤホヤの家内を置いてもいけず、いっしょに行くことにした。

当時、コンサルタントは年齢、出張先に関係なく、飛行機はビジネスクラスと決まっていた。といっても家内の分は自腹だから1人だけエコノミーというわけにもいかず、私がダウングレード。ビジネスクラスの権利があるのに損した気分だった。

フィリピンでは、ケソンのコンドミニアムで団員と共同生活。到着した翌日から私は地方の現地調査に出るため、英語もろくにしゃべれない家内は置いてけぼり。草野さんや冨山さん、高井さんら会社の中心メンバーが全員参加していたシステム科学初の本格プロジェクトだったが、それでもいちばん若い私たち夫婦はたいへん可愛がってもらった。タクシーの運転手が英語とタガログ語でまくし立てる現地の生活で、家内も開発コンサルタントの苦労の一端はよくわかってくれたはずだ。

再び国内のコンサルタント業務へ

いくつか海外の仕事が入ったとはいえ、まだ国内のコンサルタント業務が主で、帰国すれば再び徹夜、残業の日々がつづいた。そんななかで、高井さんが中心となって間欠式空気揚水筒（AHG）というダムの水質浄化機材を設計、販売する事業を立ち上げることになった。ＡＨＧとは直径50～60センチのパイプの下端の空気室に空気を送り、逆サイフォン構造の原理でパイプ内を上昇する空気の塊によって、ダム下層にある無酸素状態の水塊を上層の有酸素層水と混合させて酸化還元を促し、水質浄化に役立てる装置である。

機械や設備設計が専門の高井さんは新しいことに挑戦することが大好きで、手足となるアシスタントに若手の私が指名され、いっしょに営業に出かけるための技術資料を作成した。努力の甲斐あっていくつかの引き合いがあり、関西方面のダム湖に初めて納入が決まり、埼玉の町工場で試作した。そしてダム湖への設置まで自分たちでやった。特許を所有するほどの理論はあるものの、実際に設置するのは初めていうチャレンジングな仕事だった。

効果はそれなりにあったと思われ、その後何カ所かのダム湖に導入されたが、大企業の下請けという立ち位置だと利幅も小さく、やがて事業は撤退となり、再び本業に精を出すことになった。

高井さんは間もなくシステム科学を退社して自分で会社を立ち上げ、コンサルタントとして仕事をはじめた。この高井さんこそ、のちの「インテムコンサルティング社」、いま私が社長を務める会社の創業社長となるのである。

アジア～中東～南米とドサ回り

その後数年間は、業界最大手のコンサルタント会社日本工営からの下請け仕事で「マレイシア南ジョホール地域水資源総合開発計画調査」（１９８４年７月）、「ホンジュラス国チョルテカ川流域農業開発計画」（1986年7月）、「ジョルダン国カラク地域総合開発計画」（1987年7月）、「インドネシア国ネガラ河流域灌漑開発計画」（1988年7月）と、大型開発計画の一部の環境社会配慮や水産養殖調査の業務を担当した。

また、システム科学の「フィリピン国青少年再教育計画」（1987年10月）、「ボリビア国淡水養殖センター建設計画」（1987年11月）、「トゥヴァル国漁村開発計画」（1988年12月）などの無償資金協力案件の社内支援業務、そして正式な団員として「エクアドル国国立養殖・海洋研究センター建設計画基本設計調査」（1988年5月）などに参加した。

このなかで、南米エクアドルのプロジェクトには忘れられない思い出がある。私にとって無償資金協力案件では初の正式コンサルタント団員としての仕事で、若手の常として会計や雑用のすべてを担当させられた。いわゆる現地業務費として多額の現金も預かった。私は子どものころからお金の管理が苦手というかルーズなほうで、この役には向かなかったのだが、誰かがやらねばならず引き受けた。

痛恨のミステーク「アタッシェケースがない！」

現地でプロジェクト関係の調査が順調に終了し、その夜はホッとして、飲み屋を貸し切り状態で朝まで飲んだ。で、あくる朝というか、その朝、頭ふらふらの状態で数百万円入りのアタッシェケースを持ってホテルの電話ボックスで電話をかけた。終わって振り返って見ると、あるべきはずのアタッシェケースがなかった。消えてしまった。朦朧とした頭でなにが起こったかを理解するまでに、しばらくかかった。置引きにあったのだ。アタッシェケースにはパスポートも入っていた。しかも公用パスポートが。

その後の経緯はあまり覚えていない。気がついたら首都キトの日本大使館でうな垂れて、厳重注意の公文書を手渡されていた。一生の不覚、穴があったら入りたい……なんてものではなかった。システム科学本社からは「しかたない。気を落とさずに帰ってこい」と大人の対応をされ、それがまた辛かった。

当然ＪＩＣＡへの出入禁止ものと覚悟していた。ところがその後、ＪＩＣＡ本部からプロジェクトに参加していた人も公用旅券を紛失するという第2弾のハプニングが発生。そのせいでもないだろうが、比較的穏便に済んでほっとした。しかし、数カ月間は平身低頭の日々だった。

幸いプロジェクトは計画どおりセンター建設へと進み、政府と詳細設計のための折衝に入った。交通費節約のため私は一人で渡航し、数千万円の契約書にサインを交わした。当時のシステム科学としては大型の契約で、緊張した。置引き事件の名誉挽回となったかどうか。入社7年目、31歳のときだった。

便利屋から、いつになったら「専門家に？」

私がこれまでに関わったプロジェクトを並べてみると、内容には一貫性がなく、あれもこれもの便利屋さんのようだ。これでいいのだろうか、私はそんな危機感に襲われた。今後、プロジェクトのキーパーソンとしてやっていける。専門性を身につける道筋が見えてこないのだ。

その一方でこのころ「専門家」といって、ＪＩＣＡと直接個人契約を結んでプロジェクトに派遣され、現地スタッフを技術指導する人たちが活躍していた。いまで言う「ＪＩＣA直営の技術協力プロジェクト」である。いまはプロジェクト実施に民活化が進んでいるが、当時は開発調査以外の技術協力はすべてがＪＩＣＡの直営であり、コンサルタント会社の社員への門戸は開かれていないといってよい状況だった。

その技術協力のカテゴリーには、派遣期間によって1年未満の「短期派遣」と1年以上の「長期派遣」があり、また案件の大きさ、内容により1人だけで派遣される「単独派遣」と複数名がチームとして派遣される「プロジェクト方式技術協力」などがあった。

めざすは長期派遣のプロジェクト方式技術協力

花形は長期派遣の、専門家が複数名入る「プロジェクト方式技術協力」である。プロジェクトの協力期間は通常5年間。長期専門家の任期は2年間で、延長した場合は3年間が基本ルールだった。しかし、その期間を超えて活動する専門家もざらにいた。当時は、一つのプロジェクトに5人の長期専門家が配置され、それぞれ任期を延長して、ある専門家は5年連続して現地に滞在するというような案件もあった。

このプロジェクト方式技術協力は活動予算が潤沢で、専門家の給与や各種手当など待遇面も良かった。長期派遣の場合には家族もいっしょに渡航可能で、かつ免税特典というおまけも付いていた。だから、農業や水産など開発コンサルタントのなかでも現業に近い専門分野で売り出していこうとする若手は、誰もが一度は体験したいキャリアパスだった。

しかし、いったんコンサルタント会社に身を置いて、目先の短期業務ばかりやってきた私にとって、この専門家への切符を手に入れるには大きな壁があった。実務経験がまったく不足していたことである。また長期専門家になると、それまで歩んできたコンサルタントとしての実績、経験をいったん棚上げすることにもなる。悩める31歳だった。

第三章　「ＪＩＣＡ専門家」時代

憧れの「ＪＩＣＡ専門家」をめざして

私は「ＪＩＣＡ専門家」をめざすことにした。１９８０年代後半の当時は、水産庁から水産分野におけるＪＩＣＡの海外プロジェクトへの派遣予定者名簿と、未定だが派遣を検討しているポストのような資料が、ファックスでコンサルタント会社にも回覧されていた。

あるとき、ふと見ると派遣予定者が空欄で、宙に浮いている案件が一つだけあった。マレーシアの海水魚の種苗生産に関する専門家だった。当時、マレーシアやタイ、インドネシアの養殖分野ではいくつかの「プロジェクト方式技術協力」が先行実施されていたが、この案件だけは1年間の期限付きの単独型派遣だったためか、「花形」のみなさんからは敬遠されていたようだ。

応募には有識者の推薦と身元保証が必要になる。そこはまた恩師の多紀先生にお願いするしかない。今回もまた、毎度毎度で承諾いただいたので、拙い大学時代の経歴やシステム科学でのコンサルタントの実績を、鉛筆なめなめ作文して水産庁に提出した。当時の専門家の選定は、ＪＩＣＡよりも水産庁サイドの評価のほうが優先されていたので、水産庁の推薦をもらうことができれば有利になると考えられていたからだ。

努力の甲斐あって、書類審査やＪＩＣＡの面接というより面談みたいなものをパスして、めでたく私は「マレイシア国海産魚類種苗生産計画」の長期専門家として採用された。

会社には歓迎されない「専門家」としての派遣

しかし、この専門家派遣というスキーム（制度的な枠組み）は、コンサルタント会社には歓迎されていなかった。派遣される個人（社員）は前述したように優遇されるのだが、送り出す会社にはたいした利益をもたらさず、個人とＪＩＣＡの直接契約であるため、厳密には会社の業務実績にもならないからだ。システム科学でも、社員が長期専門家で出ることを原則として認めていなかったが、今回は会社から長期研修としての出張名目で行く条件で合意した。

だからＪＩＣＡから支給される給与待遇などはすべて会社に入金され、会社の出張規定に照らして再配分される。システム科学の出張規定には家族の同伴とか健康管理休暇などが認められていないので、その分は自分でやりくりしなければならない。例えば、ＪＩＣＡから専門家に支給される現地住居手当より安い値段のアパートを借りて、会社規定との差額で生活するというような便法も使わなければならない。

通常、ＪＩＣＡの専門家は、手当の上限一杯を使って現地で一等地の邸宅に入るのだから、これにはＪＩＣＡの担当者も不思議がっていた。

しかし現在、経営者となった私の立場で振り返ると、1人の社員の特別扱い、我がままのために会社の規則を変えることができなかったのは、それは納得のいくことである。

研修を受け、飼育水槽と掘っ建て小屋の任地へ

専門家として派遣されるためには、まずＪＩＣＡの事前研修を受けなければならず、いっしょに行く家内と語学や専門家の心構え、赴任国の事情などの研修を1カ月ほど受講した。そして今度こそ、ダウングレードなしのビジネスクラスで日本を飛び立った。１９８９年4月、32歳のときだ。

今回のプロジェクトの任地は、半島マレーシア（ボルネオ島ではないマレー半島側）東海岸の、トレンガヌ州北部にあるクアラブスットという小さな町の水産試験場である。マレーシア政府の施設だが、飼育水槽と掘っ建て小屋みたいな、冷房もない事務所があるだけのところで、ここでハタの種苗生産を日本の技術協力で成功させてほしいという要請だった。

プロジェクト地はあまりに辺鄙な田舎なので、アパートはそこからいちばん近い町でタイとの国境に近いコタバルに決めた。中古のカローラを買って、毎日1時間ほどの自家用車通勤となった。クアラブスットもコタバルもイスラム色の強い地域だったが、多民族国家マレーシアでは中国系住民も多く、中国料理の食堂もあって、生活面で不自由することはなかった。

餌を与えても全滅する出口の見えない半年以上

ハタの仲間の養殖はいまでもほかの海水魚、例えばタイやアカメ（東南アジアで養殖されるスズキの仲間）などと比較するとむずかしいとされるし、当時は日本でも成功例は少なく、マレーシアでは皆無だった。私も実務経験はなく、海水魚の仔魚（卵からふ化したばかりの幼魚で、ハタは全長2～3ミリ）を本格的に飼育するのは初めてだった。

餌として利用する藻類やワムシ（海水魚の初期餌料生物として唯一大量培養されている動物プランクトン）の培養は、学生時代に資源研でやっていたが、素人に毛が生えた程度だった。専門家の私は現地の技術者を指導する立場なのだから、それではまずい。そこで文献を漁り、家に帰っても毎日猛勉強となった。

さらに、同時期にボルネオ島サバ州の水産局に派遣されていたＪＩＣＡ専門家の山田収さんに電話をかけて、一から指導を受けた。山田さんは大分県水産試験場で実務経験を積んだ現場肌の技術者だ。一方、私は専門家というより、何も知らない青年海外協力隊員のような立場だった。

ハタの仔魚は摂餌（餌を食べること）をはじめるときの口が小さくて、タイやヒラメなどに使う一般的なワムシでは大きすぎて（体長0・12〜0・13ミリ）、むずかしい。そこで、小さな餌としてイワガキ（岩牡蠣）を人工授精して、その卵やふ化したばかりの幼生を試してみた。ここの海域のイワガキの成熟度は極めて低かったが、それでもせっせと卵巣と精巣を切り刻んで受精させ、プランクトンネット（網目0.1ミリ）で濾した小型のワムシといっしょに与えた。

餌となるワムシの大きさはミクロン単位（1ミリの1000分の1）の違いだが、これまでの文献や山田さんからの指導によって、ここが重要なポイントと信じてやるしかなかった。

しかし、苦労して用意したカキの受精卵と小型のワムシをいくら与えても、ハタの仔魚は育たなかった。与えては全滅、与えては全滅の繰り返しだった。そんな出口の見えない日が半年以上もつづいた。

生き残った虎の子の1尾の世話で夜も眠れず

自分でもいい加減いやになってきたころ、ふ化後1週間を超えて生き残る個体がついに現れた。つまり、餌を食べているということだ。しかし、その生残率は安定しなかった。毎日のように個体数が少なくなり、20日目にはついに1尾だけになってしまった。

ハタの仔魚はこのころから変態といって、背びれと腹びれが大きく伸びてくる。その全長1センチくらいの半透明の体の仔魚が、ドラム缶くらいの大きさの水槽に1尾だけ。まさに虎の子である。ここであきらめるわけにはいかない。私は祈る気持ちで「はじめちゃん」と名付け、虎の子のはじめちゃんのために、毎日水槽を掃除し、世話をつづけた。夜も心配で寝られず、朝起きては種苗場に出かけ、彼女（ハタは性転換する魚なので初めはみんなメス）が泳いでいるのを確認し、安堵した。

そして40日目。ついに、はじめちゃんに鱗ができた。稚魚といえるまでに成長したのである。ハタの種苗生産に成功した。といっても1尾だけだが。私は一人で静かに喜びをかみしめていた。

そこへ、たまたま水産局の役人が訪れ、これを見て「すごい！」ということになった。1990年4月12日、このニュースが新聞で報じられた。見出しは「Historic success」。記事の最後のほうに、私の名前が載っていた。

技術開発とは不思議なもので、1尾できると自信がつくのか、それ以降の生残率は徐々に良くなり、やがて安定的とまではいかないが、それなりに人工種苗ができるようになっていった。

「歴史的成功」で任期延長となり、気持ちにも余裕

こうした成果もあって、マレーシア政府からは記念品が贈られ、任期の延長が要請された。もともと1年の予定での派遣だったのでシステム科学には申し訳なかったが、了承してもらった。

2年目はひきつづきハタの種苗生産を継続しながら、スズキの仲間で大型魚のアカメの大量種苗生産にも取り組んだ。気持ちにも余裕もでき、休日をのんびりとすごせる時間も増えた。

そのころコタバルには、愛知県瀬戸市から進出していたマルリという陶器の会社があって、若い社長以下職人さん5～6人で現地従業員100人余りを雇用して工場を切り盛りしていた。こんな田舎町で日本人に会うのは珍しいこともあり、家族づきあいをさせてもらい、いっしょにゴルフもはじめた。こういう生活はコンサルタント時代とは別世界だった。

上：虎の子のはじめちゃん。生後29日目、体長18ミリ。
下：ハタプロジェクトの歴史的な成功を報じるマレーシアの新聞。

NEW STRAITS TIMES, THURSDAY, APRIL 12, 1990

timesnational

Historic success for grouper project

KUALA TERENGGANU, Wed. — The Malaysian Fisheries Department has created history with the successful spawning of the *ikan kerapu* (grouper) under hatchery conditions.

This is the department's first major achievement in the propagation of the grouper (*Ephinephelus suillus*) after years of research.

Fisheries Research Institute director of research Ong Kah Sin said the department had succeeded in spawning the grouper in May last year.

It had also been carrying out larval culture of the grouper on an experimental basis since early this year, he told a Press conference today.

The research project is being carried out at the Tanjung Demong marine fish hatchery.

Mr Ong said during the research, mature males and female groupers were kept in a large 150-tonne circular broodstock tank at the Tanjung Demong hatchery for spawning.

The spawners were first raised to adult size in floating-net cages placed in the Kuala Setiu lagoon. These were juvenile groupers collected from the same locality.

Twenty-five spawners which are now eight to 10 years old and weigh 10-12 kilos each are placed in the broodstock tank and fed with trash fish and a vitamin supplement.

Mr Ong said the environmental parameters were monitored and the spawning tank water quality was maintained through a daily change of water.

He said spawning and hatching of fertilised eggs had been consistently obtained without difficulty.

However, larval culture of the grouper has only been achieved on a limited scale.

Mr Ong said only 500 grouper larvae had so far been successfully reared beyond the critical first one to two weeks after hatching.

"At present, the cage culture of the grouper, as well of the giant sea perch and the snapper, is to a large extent constrained by the limited and irregular supply of fry collected from the sea or imported from some neighbouring countries.

"The further development of artificial propagation techniques for these species will help ensure an adequate supply of their fry for culture expansion," he said.

Mr Ong said the project received technical assistance from the Japanese International Co-operation Agency (Jica) which sent an aquaculture expert, Mr Masanori Doi, for two [illegible] at the centre.

The centre, which started operations in 1981, currently produces sea perch fry for sale to breeders.

そうはいっても、本職は民間ビジネスとして仕事をする「開発コンサルタント」だ、の自負は堅持していた。だからこの際、取れる資格を取っておこうと考え、ハタ種苗生産の成果を財産に「技術士」にチャレンジすることにした。

技術士とは、技術系コンサルタントの国家資格のなかでは最高位とされるもので、日本の公共事業ではプロジェクトリーダー（総括責任者）に課される要件になることが多い。分野は多岐にわたっており、花形は機械、建築、土木、電気、水道などエンジニアリング系だが、生物工学、環境、さらには農業、水産と理工系の専門分野はほぼすべて網羅されている。

まさかの不合格から決意の「技術士」再挑戦

実は、技術士には過去に苦い経験があった。技術士はコンサルタントとしての勲章、若手にとっては憧れの国家資格で、現在は一次～二次～口頭試験と段階的に受験していくが、当時の受験資格は、実務経験7年以上というだけで、いきなりの論文筆記試験の一本勝負だった。この7年には大学院の修士課程を含むことができるので、最短だと27～28歳でチャレンジできた。

私はその額面どおり、27歳のときに1回受験していた。システム科学での国内業務経験などを合算した7年資格での果敢なトライだった。結果、筆記試験は見事にクリアした。だが、なんと面接試験でまさかの不合格となった。このときのショックは大きかった。それ以降、あの拷問のような、真夏の5時間近くにおよぶ筆記試験に再挑戦する気力は失われたままだった。

それから7年。前回のショックから立ち直り、論文テーマを変えてのチャレンジである。試験は、応募から合格発表まで1年近くかかる過酷なレースだ。マレーシアから帰国直前の1991年3月に申し込み、論文試験の論述内容について推敲を重ね、同年8月に筆記試験を受験。10月下旬、再び合格通知を受け取った。そして、12月の面接試験には、後述する次のプロジェクトの赴任先タイから2泊3日で自腹で一時帰国して臨んだ。これで悪夢の再現となるなら身も蓋もなかったのだが、さすがに真冬にタイの現場で日焼けした受験生を落とすような、酷な結果とはならなかった。合格発表は翌1992年1月だった。

技術士の次は世界の免許証「博士号」だ

時間を戻して、2年目も終わりに近づいたマレーシアでの専門家業務について、政府水産局からさらに1年の延長要請というラブコールをもらった。ありがたいことだったが、私の気持ちは固まっていた。2年間の時間の流れのなかで、所属しているシステム科学の経営方針と、私が考えるコンサルタントとしての生き方に微妙なズレが生じていることを、肌で感じていた。

そこでいったん帰国して、上司と話をして、新しい生き方を見出そうと考えた。私のなかでは技術協力の専門家も立派な開発コンサルタントだと思っていたのだが、システム科学ではそれに対する評価が低く、会社としてもその部分を伸ばしていこうという方針ではなかったのだ。上司には正直に自分の考えを話し、システム科学を円満退社した。

そして私は考えた。プロの技術協力の専門家として食っていくためには、資格要件があることが大きなアドバンテージとなる。技術士の資格もその一つだが、やはり世界の免許証は「博士号」である。技術士は国内業務では評価されるが、海外ではなんといっても「ドクター」である。

「覚悟はできた」、再び大学の研究室へ

1991年4月、三たび多紀先生の門を叩いた。「博士課程に入れてください」と得意の押しかけであるが、覚悟はできていた。歳は33。家内がいる。アルバイトしながら最短でも3年は食いつながねばならない。生半可な気持ちではなかった。

とはいえ、職があるにこしたことはないので、東水大野球部時代の先輩でJICA職員だった小原基文さんに相談してみた。すると、「ちょっと待ったら専門家に空きがでるかも。タイのプロジェクト方式技術協力の種苗生産ポストで」という、願ってもない情報である。プロジェクトサイトは、首都バンコクの南の有名な観光地パタヤビーチのさらに東、バンペイという小さな町にあるタイ水産局の東部海洋開発センター（EMDEC）というところだった。

JICA専門家として仕事しながら、共同研究した結果を博士論文にまでもっていければ、言うことはない。渡りに船、願ってもないチャンスである。しかし、多紀先生には3年間貧乏してでも、と啖呵を切った手前、「甘い！」と言下に却下されるかもしれない。恐る恐る先生に相談した。

護送船団方式で博士号取得作戦を練る

案ずるよし産むがやすし、多紀先生は賛成してくれた。そこで考えてくれたのが護送船団方式だった。先生の関係者が集まって、「土居正典博士号取得プロジェクト」で応援しようというのだ。

メンバーはあの資源研の大野淳（助教授）先生と魚類学研究室の河野博助手。大野先生は大学時代からの指導教官。河野さんは私と同期で、シチリアでは一緒にマグロを追っかけていたが、東大の博士課程に

進んで学位を取り、JICA専門家を経て、助手として母校の東水大に戻ってきていた。

多紀先生と4人で作戦を練った。対象種を、JICAプロジェクトのなかで有望な養殖対象種に位置づけられているフエダイ科のゴマフエダイとし、テーマはその仔稚魚期の発育に関する基礎研究に絞り込み、ドクター論文としての全体のシナリオを考え、そこに嵌め込むピース、つまり実験計画の具体的内容に落とし込んでいった。ゴマフエダイの仔魚は、ハタと同じく、ふ化後の摂餌開始時に大量に死ぬことが知られ、その要因の解明と対応策が求められていた。

タイのプロジェクトの正式名称は「タイ国水産資源開発研究プロジェクト」となっていて、しっかり「研究」と謳われている。これなら共同研究で論文を発表するのはプロジェクトの主旨に合致する。研究成果をどんどん技術報告書としてまとめ、カウンターパート機関であるEMDECの紀要(論文集)で発表するのは、まさにプロジェクトの目標の一つでもある。

鼻先にニンジンぶら下げて充実の30代半ば

人生にはさまざまなターニングポイントがあるが、ここからのタイでの2年間は、まさにそれだった。私は必死だった。博士号のニンジンが鼻先にぶら下がり、30代半ばで気力も体力も充実していた。このチャンスを生かさなければ私の人生は立ちいかないという気持ちだった。いまから思えば、どうしてあれほど集中できたのか、働けたのか、いやそれと遊べたのか、と驚くしかない。

学位論文のテーマは、「ゴマフエダイの初期飼育がなぜむずかしいのか」を科学的に解明し、人工種苗生産の方法を提案、実証することである。この魚は、ハタと同じように摂餌開始時の捕食能力が低く、ワムシを初期餌料としては使えないので、なんらかの代替餌を考案して仔魚期の生残率の向上を図る必要がある。ゴマフエダイは、熱帯地域で有望な養殖対象種と期待されながらも、種苗生産での初期生残率は惨憺たる状況で、ふ化後1週間くらいでほぼ全滅していた。

そんななかで、一つの手がかりはあった。タイのプロジェクトでカウンターパートとなる政府水産局のタニンさんが、その「なんらかの代替餌」を現場で、経験的に解決していたのである。

初期摂餌生態の解明に向けて逆転の発想で

つまりこうだ。大型水槽で親魚を産卵させてプランクトンネットでその卵を取り上げ、種苗生産水槽に移して飼育するのがこれまでのやり方だった。が、タニンさんはそれとは逆に、産卵後の親魚を別の水槽に移し、卵はそのまま大型水槽に放置しておいた。すると1~2日で透明な仔魚としてふ化し、1週間ほどで仔魚が視認できるようになる。それをプランクトンネットで採集して小型飼育水槽へ移し、その後はほかの魚種と同じようにワムシを給餌して育てる。効率的な種苗生産とはいえないが、少量だが確実に種苗はつくられていた。

しかし、タニンさんは職人的な技術者で、データを集めて学位を取ることに興味を示さなかった。私はデータを取って発表し、学位の取得をめざしている。私は彼に正直にそう話すと、「それはこちらも大助かりで、お互いにメリットがある」という話になった。魚の飼育を彼が担当し、データを私が取って共同で発表する、そういう体制ができあがった。これだけお膳立てが揃えば、あとはそのメカニズムを科学的に証明していけばいい。つまり、ふ化した仔魚は何を食べているのかである。

ゴマフエダイの仔魚は何を食べているのか

それは消化管の内容物を見ればわかることだが、専門家なら見なくても、水槽内で発生している動物プランクトンのコペポーダ、しかもその幼生のノープリウスであろうことは容易に想像できる。コペポーダとは、エビやカニと同じ甲殻類の仲間で、体長1〜2ミリの動物プランクトンのこと。その卵から生まれた幼生がノープリウスで、ワムシより一回り小さく、栄養価が高い。魚などの餌となり、海の食物連鎖を支える重要な役割を果たしている。

とはいえコペポーダは種類が多く、しかも変態しながら成長するので、どの種類の、どの発育ステージのものが、どのように食べられているかは明らかにされていない。それを科学的に検証するのはブラックボックスを開けるようなもので、仔魚を発育段階別に解剖して消化管の中身を精査すればよいのは自明だが、誰にでもできることではない。

そこで、瀬戸内海のタイ養殖池に発生するプランクトンと仔魚の初期摂餌の先駆的研究者、大野先生にご登場いただくことになった。資源研で朝から晩まで顕微鏡に向かっていたあの先生だ。「顕微鏡観察は任せろ。とにかくサンプルを取れ」と力強いお言葉をいただき、バンペイのEMDECに短期専門家として先生に2回も来てもらい、サンプリングの方法とともに、プランクトンの同定や培養方法、仔魚の消化管内容物の観察手法などを伝授してもらった。同時に、ふ化仔魚の形態変化の解明、口周辺の骨の発育状況の観察とサンプルの採集、飼育管理と飼育データのモニタリングなど、やることは盛りだくさんだった。

観察室に寝泊まりしてつづけた深夜の産卵観察

ゴマフエダイに限らず、魚の産卵はだいたい深夜なので、卵発生やふ化仔魚の初期発育の観察は泊まり込みとなる。なぜ「観察」かというと、写真記録ではわかりにくいこと、例えば心臓ができて動きはじめるようす、ふ化後の卵黄が消費されていく過程と、そのプロセスで摂餌を支える口周辺の骨や骨格がどのようにできあがるかなどをスケッチし、明らかにしていく必要があるからだ。

論文上は1回の産卵後の観察で、これら一連の発育過程が同時並行的にすべて記載できれば〝美しい〟のだが、そう簡単にはコトは運ばなかった。場数を踏み、予備的観察を何回も繰り返して、次なる形態変化が予測できるようになっていなければ、きれいなデータは取れない。顕微鏡しかない木造の観察室で何日も寝泊まりがつづいた。

そんな生活でも酒だけはよく飲んだ。田舎町のバンペイだが飲み屋はあって、大野先生やタニンさんたちとよく飲み明かした。酒は、当時タイが「世界の銘酒」と勝手に自慢していた「メコンウィスキー」だ。名前こそウィスキーだが、米とサトウキビの廃糖蜜を原料にした焼酎の一種らしい。これをソーダ割でちびちびやる。やがて疲れた体に酔いがまわる。気がつくと、いつの間にか厚塗り化粧のゲイのお兄ちゃんが混じっていたりして、ぐちゃぐちゃの国際交流はバカ話で盛り上がる。

未明まで飲んで、それでもふらつく足でふ化場へ向かい、とにかく顕微鏡を覗く。産卵してなければ、ここでやっと一眠り。めでたく産卵していれば、数時間おきに起きてきて、仔魚をサンプリングして標本を作る。そういう生活だった。

苦闘の2年を終えて帰国、論文に挑む

こうして1993年6月、「苦闘」の2年の任期を終え、私はタイのバンペイから帰国した。いよいよ集めたデータ、サンプルの精査と論文のとりまとめである。そのため東水大の多紀先生の研究室に戻ることになった。私の立場、肩書は研究生だが、体のいい浪人である。

ところがどっこいというか2年間頑張ったからといって、それで博士論文ができあがるほど甘くはない。データが不十分なものは現地で新たな実証、実験が必要になる。そこで、その後1993年8月と翌年2月の2回、タイへ出かけることになり、2回目はまた指導教官の大野先生に同行をお願いした。

この時期、私は毎日まじめに研究室に通い、よく研究室にも泊まった。大野先生の研究室である。すでに資源研は時代に合わなくなったのか取り壊されて、新しい水産資源学科の研究棟として生まれ変わっていたが、大野先生の日常は当時のままで、夕方になると研究室内で酒盛りがはじまった。

学生たちはつまみの買出しに、ちょっとした料理作りにと大わらわである。酒が入れば酔っぱらい、そうなれば、帰宅してまた翌朝出てくる時間がもったいないので、そのまま研究室に泊まるという選択肢となる。発砲スチロールの板の上にダンボールを敷けば、前後不覚の酔っぱらいには気持ちのよいベッドとなった。こんな生活を1年余りはつづけ、なんとかデータをまとめることができた。そして学会で発表し、博士論文の形に仕上がってきた。

ついに完成、机の上に立つ300ページの論文

論文提出にあたっては、多紀先生から「英語で書く、分量は机の上に立つくらいの厚さ（300ページ

以上）にする」ことを厳命された。そして、護送船団に守られ、叱咤激励されながら、ついに博士論文は完成した。

「Larval development and rearing of the red snapper, *Lutjanus argentimaculatus*（ゴマフエダイの初期発育と種苗生産に関する研究）」である。

提出した論文の内容は、審査員の教授陣の前での発表と一般聴講者も参加する発表会を経て、めでたく受理され、念願の「学位」が授与された。1994年9月、37歳のときだった。

学位記の授与式は、東京水産大学の学長室でおこなわれた。私以外は研究者の卵たちで、今後の抱負について水産研究所や大学に職を得てがんばるなどとコメントしたが、私は「就職浪人中でまだなにも」と言うしかなかった。審査員の先生たちは苦笑していた。

業界の痛恨事、今井明さんの訃報

ここで、前に登場した今井明さんのことを書き残しておく。大学院生時代に岩手県三陸町の北里大学水産学部に通い、番屋でサケの精子の冷凍保存の実験を手伝ってくれた彼のことである。

今井さんの訃報が届いたのは、私がタイに赴任して2カ月後の1991年10月初めだった。東京のシステム科学から「亡くなった」と電話が入り、一瞬なんのことかわからなかった。まさかまさかの突然のことで、呆然とした。社員旅行で酔って海に入り、帰らぬ人となったというのだ。36歳だった。私はソファに泣き崩れた。

今井さんは北里大から東大に進み、博士号を取得。そのころ私はシステム科学で駆け出しのコンサルタントをやっていて、東京で二人はよく飲んだ。彼は恩師の井田先生から北里大に帰るよう説得されていて、学究の道か開発コンサルタントかで悩んでいた。相談を受けた私はこう答えた。

「私もコンサルタントに踏み出すとき、いろいろ悩んだ。そのとき私はこう考えた。大学の先生や水産庁の研究者になりたい人はたくさんいる。私も努力すれば、なれるかもしれない。でも研究者への自分の情熱はそれほど大きくはなかった。一流になる自信もなかった。それは、自分よりもっと強い意志をもった人がめざせばいい。私はもっと自由に、世界へ飛び出して、堂々と金を稼いで、自分の道を切り拓きたい。それで私はこれを選んだ。今井さん、決めるのはあなた自身だ」

結局、今井さんは1986年4月、私と同じシステム科学に入社した。彼は専門の漁業開発関係のコンサルタント業務を次々とこなし、メキメキ頭角を現した。私とは専門分野が似ていたので、プロジェクトでいっしょになることは少なかったが、日本にいるときは飽きもせず毎日のように飲み歩き、論じあった。私はすでに離職してタイの専門家をやっており、今井さんはやがてはシステム科学の水産分野を統括することが期待されていた。その矢先の訃報だった。今井さんを失ったことは、私にとって、システム科学にとって、日本の開発コンサルタント業界にとって、痛恨事だった。

インテムコンサルティングに入社、資本金は出世払いに

私がタイから帰国したのが1993年6月、学位取得が1994年9月。これと前後する1993年4月に「インテムコンサルティング」は設立された。現在、私が代表を務める開発コンサルタント会社である。私はその後の25年間、四半世紀をこの会社とともに歩んできた。

インテム社、正式名称「インテムコンサルティング株式会社（INTEM Consulting Inc.）」の創業者は、システム科学コンサルタンツ（システム科学）で私と机を並べていた高井壮一さんである。高井さんはシステム科学を退職後、フリーの開発コンサルタントとして活動してきたが、機は熟したと考え、相棒役の仲間だった土井保道さんと起業することにした。

そのとき、高井さんのご厚意もあって、名前だけでも参加させようと白羽の矢が立ったのが、浪人生活寸前でふらふらしていた私だった。学位をめざす苦学生だからと、出資金150万円は高井さんが出世払いで立て替えてくれた。当時の株式会社の設立条件は資本金1000万円以上、役員は3人以上となっていた。こうして株主兼役員兼社員3人の会社の体裁が整った。事務所は新宿区北新宿の木造アパート6畳と4畳半の2Kだった。

しかし、業界で現役バリバリの高井さんと土井さんといえども、会社としての実績ゼロではJICAの仕事を直接受注することはできなかった。JICAと契約して仕事をするには、「コンサルタント登録」をしなければならないが、それには当時、「2年間の経営実績と黒字決算書の添付」が必要要件とされ、創業間もないインテムにはその資格がなかった。その間は、JICAの仕事を請け負った他社からの下請け仕事と、JICA以外の業務で食っていくしかなかった。

現在は資本金1円からでも株式会社が設立でき、JICAに「登録」さえ済ませて置けば、その年から案件に応募できる。世の中のシステムの変化を感じるところである。

コンサルタントの人生設計よりＪＩＣＡ専門家の誘惑

学位取得後はインテムでコンサルタント業務をと期待されるなか、論文の目途も見えてきた１９９４年８月、フィリピンの「東南アジア漁業開発センター養殖部局（ＳＥＡＦＤＥＣ／ＡＱＤ）」から突然、ＪＩＣＡ専門家で来ないかと声がかかった。

ＳＥＡＦＤＥＣ／ＡＱＤは、日本の援助で設立された東南アジア最大の養殖研究と技術開発の総本山で、一時はスタッフ６００人余を擁していた。日本からはすでに20年近く専門家派遣の実績があり、業界で活躍している人も数多くいる。多紀先生も大学を休職して、ここで次長（ナンバー２のポスト）を２年間務めていたし、河野先生も専門家で赴任していた由緒ある研究所である。私が指名されたのは、これまでの実績や学位論文を認めてもらったからで、ハタの種苗生産に初期餌料としてコペポーダを使う方式を実証してほしいとのことだった。

私は、いずれはコンサルタントに戻る人生設計を立てていたが、目の前のＪＩＣＡ専門家の誘惑には勝てず、２年間のフィリピン行きを決断した。38歳、インテム社員としての初仕事ということになった。

心穏やかに技術協力に専念した夢のような２年間

ＳＥＡＦＤＥＣ／ＡＱＤはフィリピン中部、ビサヤ諸島パナイ島の人口30万人ほどのイロイロ市から南西に35キロ離れたティグバワンにある。ゲストハウスの施設もあるが、長期専門家はみんなイロイロに居を構えて自家用車通勤していた。

イロイロは同地域の中心都市で、これまでのマレーシアやタイの小さな町とは違ってにぎわっていた。

ここでの2年間は、学位取得や論文発表といった切羽詰まった目標から解放され、専門家として心穏やかに本来の技術協力に専念することができた。

カウンターパートのトレドさんは私と歳も同じくらいの真面目な研究者で、パートナーとして、ハタの種苗生産をはじめ、さまざまな飼育実験に取り組むことができた。後年トレドさんはこのときの成果をさらに発展させ、広島大学で学位を取得してSEAFDEC／AQDのトップにまで上りつめた。研究アシスタントとしてプランクトンの顕微鏡観察の助手を務めてくれたサルベイさんは東水大に留学して、大野先生の研究室でやはり学位を取得した。

そんなこんなのフィリピンの2年間はあっという間にすぎてしまった。パナイ島には東南アジアで初めて造られたというゴルフ場イロイロカントリークラブがあり、休日にはゴルフを楽しんだり、ヴィラビーチ海岸沿いのシーフードレストランでカキやミルクフィッシュ、懐かしのゴマフエダイやハタに舌鼓を打って、ほろ酔いの夜も堪能した。前半の1年間は単身赴任だったが、後半の1年は、家内と産まれたばかりの娘をよんで家族3人となった。

そして任期が終わろうとするころ、任期延長の打診をもらった。ずっとこんな生活をつづけられるならそれもよいかも、という思いもよぎった。しかし、このころ日本の政府開発援助（ODA）政策は転換点を迎えつつあった。少しずつ贅肉がそぎ落とされる方向へと舵を切っていった。私はそう感じていた。JICA長期専門家のこのような恵まれた条件の仕事が、今後もつづいていくとは思えなかった。

いよいよ私のめざす本来の職、「開発コンサルタント」の世界に戻る潮時だ。私はそう判断した。私はすでに40歳になっていた。

第四章　コンサルタントとしての再出発

黎明期のインテムコンサルティング社

１９９７年4月、私は2年間のＪＩＣＡ長期専門家生活を終えてフィリピンから帰国し、インテムコンサルティング社（インテム）にもどった。

そのころインテムは、ＪＩＣＡのコンサルタント登録、正式には「競争参加資格」の取得を済ませ、毎週公示される「実施予定業務」に応札して、直接受注を狙える体制になっていた。事務所も木造アパートから西新宿のオフィスビルに移り、社員を2人ほど採用して株式会社らしくなっていた。高井さんと土井さんは着々と実績を上げ、１９９5年にはインテムで初めてとなる業務実施型のコンサルタント元請け案件の「ガーナ国ケープ・コースト大学理科教育機材整備計画」を受注していた。インテムは、機材計画を中心とする無償資金協力案件では売り出し中だった。

私はというと、水産分野で技術協力案件を手がけたいという漠然とした思いはあったが、1人だけの「個人商店」状態でもあり、当面なんらかの仕事を受注して食っていかねばならなかった。単独型（当時は簡易型と呼称）といわれる募集人員1人の短期調査案件に、プロポーザルで勝負するしかなかった。それでも技術士と博士を武器に、短期間の調査案件をぼつぼつ受注できるようになり、同時に下請け仕事の声も他社からかかるようになった。

単独単発型のコンサルタントとして（1997〜1999年）

私はフィリピンから帰国する直前、コンサルタント復帰となる短期の仕事として、JICAの「エクアドル国国立養殖・海洋研究センターフォローアップ機材維持修理調査」に応募していた。この案件は、私がシステム科学時代に基本設計調査団員として参加して、痛恨の「アタッシェケース置引き事件」に遭遇した案件のフォローアップである。あの事件は時効か業務実績で帳消しになったのか、または技術士と博士の新たな資格が効いたのか、めでたく受注でき、コンサルタント復帰の第1戦を飾ることができた。

これにつづく2〜3年間は、「単独単発型」のコンサルタント案件（フィリピン、タイ、モーリタニア、インドネシア、トルコ）、そして専門家業務の延長のような案件（マレーシア、パナマ）、社内の違う分野の支援業務（パラグアイ、ベトナム）など目の前にあるものをなんでもこなした。水産分野のプロジェクトとはいっても資源調査や企画調査、評価分析、水産施設、漁業経済、社会調査、入札監理と、まあなんでもありだった。「単独単発型」というのは、コンサルタントが1人で1回の渡航でおこなう短期間の調査や技術協力業務のことである。

開発コンサルタント業務の基本

しかし、こうした雑多な案件をこなしているうちに、コンサルタント業務の基本は結局のところ、どれも同じパターンだということがわかってきた。つまり、どれも、

①事前に関連情報を集める。
②それを読み込んで分析する。
③現地調査計画を作成する。
④質問事項など調査リストを作成する。
⑤計画に従って調査する。
⑥結果をとりまとめて報告書を作成する。

という流れになる。これが開発コンサルタントとして実施する業務の概要である。とはいえ、これが一人前にできるには、やはり10年程度の実務経験が必要だろう。私は20代後半のシステム科学時代に国内コンサルタントとして水産以外の分野でもまれたこと、30代に学位取得をめざして科学論文の書き方を叩きこまれたことなどで、知らず知らずのうちに基礎体力が養われてきた。

アジアの経済危機とマレーシアでの苦い経験

１９９０年代後半の時代背景を語るとき、アジアの経済危機を忘れることはできない。当時、東南アジア各国は、米ドルと自国通貨の為替レートを固定する「ドルペッグ制」を採用し、通貨の相場は安定していた。それを背景に各国は輸出を拡大し、めざましい経済発展を遂げていた。

しかし、経済力のバランスを考えると、いつまでも固定レートを維持するには不都合があった。そこに目をつけたヘッジファンドがアジアの通貨、なかでもタイバーツを大量に売り浴びせた。タイ政府は買い支えようとしたが持ちこたえられず、１９９７年7月、変動相場制に移行せざるをえなくなった。バーツは2カ月で40パーセントも下落し、輸入品の価格高騰など経済が大混乱に陥った。ヘッジファンドの売りはいわゆる空売りという手法で、下がったときに買い戻して利益を手にする仕掛けだった。

私もこの影響で被害を被った。マレーシア政府水産局から直接オファーされた「マレーシア国新魚種開発計画」（１９９7年8〜9月）でインテムは、現地通貨のリンギットで契約を交わした。マレーシアは順調に経済発展しており、ドルペッグ制で通貨は安定していたからだ。マレーシアはずっと住んでもいいかなと思うほど好きな国だったので、あわよくば、これを突破口に長期のコンサルタントビジネスにつなげられたらと、そんな心積もりで臨んだ。

しかし、その思いは経済危機で吹っ飛んでしまった。タイの経済危機と同様の事態がアジア各国に波及し、マレーシアでも、現地で仕事をしている真っ最中に通貨安がはじまり、毎日毎日、契約金額が目減りしていく悪夢となった。仕事として要請されたフエダイの種苗生産はなんとか成功させることはできたが、想定していた利益はすべて消えてしまった。

日本政府支援プロジェクトの末席コンサルタントとして

このアジアの経済危機を沈静化するため、日本政府はＯＤＡを最大限活用して支援に乗り出した。インドネシアでも当時の宮沢喜一首相による「新宮沢構想」の一翼を担う農業・畜産・水産セクター版として、１９９8〜１９９9年にかけて、海外経済協力基金（ＯＥＣＦ）の資金協力による「インドネシア国農林業特別借款事業」が実施された。私も下請けながら末席のコンサルタントとして１９９8年11月〜１９９9年2月、現地に派遣された。

仕事は事業総額350億円を具体的にどの公共事業に配分するかを決めるコンサルタント業務で、水産分野を私が、畜産分野を高井さんが担当した。私は水産局の担当者と協議して現地を視察し、現地のコンサルタントに見積もりを出させ、プロジェクトの優先順位をつけていった。水産だけでも100億円以上の予算配分だったので肩の荷が重かった。当時のジャカルタは経済危機の影響から一触即発の、暴動事件がいつ発生するかもしれない緊迫した空気だったが、やりがいのある仕事でもあった。

楽屋裏の話になるが、インドネシア政府はこの経済危機の前に、スマトラ島ジャンビ州の淡水養殖振興計画をJICAのプロジェクト方式技術協力で支援してほしい旨、要請を上げていた。しかし、経済危機で政府の財源は底をついていて、プロジェクトを受け入れるために負担すべき施設基盤整備の予算手当てが不透明だった。施設整備が用意されなければJICAとしては話に乗れないので、当時、水産庁からJICA専門家（水産アドバイザー）として派遣されていた岡貞行さんから「なんとかならないか」と相談を受けた。岡さんは、がらっぱち的だが信頼できる行政マンだったので、私はその意向を汲んで、ジャンビ案件が高い優先順位となるために知恵を絞り、事前評価レポートをとりまとめた。そのおかげかどうか、特別借款事業からジャンビ州の養殖センターへの予算配分がすんなりゴーサインとなった。

物事が決まるときは、こんなものなんだと胸を撫でおろした。岡さんとうまい酒を飲むことができたのはいうまでもない。

18年後のインドネシア側スタッフの出世ぶり

その後、インドネシア政府はジャンビ州の養殖研究所施設の改修に着手し、JICAは技術協力プロジェクト「インドネシア国淡水養殖振興計画」の予備調査団を送ることになり、1999年8月、私はそのミッションに社会調査担当のコンサルタントとして参加した。さらに、同年11月、ひきつづき実施された「計画短期調査」ミッションでは、参加型計画を担当する団員としても参加した。これらのミッションのリーダーがJICA専門家一筋の貫山義徹さんだった。貫山さんとはこれが縁でつきあいがはじまり、後年インテムが実施することになるカンボジアの淡水養殖プロジェクトの2代目リーダーに招聘した。

時は流れて2016年、久しぶりにインドネシアを訪れてみると、この当時いっしょに議論した若い役人たちはみんな海洋水産省の大臣顧問や総局長などに出世していて、一介のコンサルタントが軽々に面会できる立場ではなくなっていた。しかし、いっしょに机を並べた現地コンサルタントのヌールさんは健在で、18年の時を経て、再びいっしょに仕事することができた。コンサル冥利に尽きることである。

「土居さんの方法でやってくれないか」とパナマに招かれる

種苗生産の専門家業務として忘れられないのは、1997年10~12月の「パナマ国海産魚類種苗生産計画」である。これは「海外漁業協力財団」の〝伝説の専門家〟中澤昭夫さんから、「どうしてもうまくいかないフエダイの種苗生産を、土居さんの方法でやってみてくれないか」と直々に依頼された仕事だった。

中澤さんは国際協力専門家の草分けで、トルコの海水魚養殖やチリのサケ養殖プロジェクトで名を馳せた人である。パナマ案件ではプロジェクトリーダーとしてキハダマグロの人工採卵と種苗生産の技術指導をおこなっていた。その後、インドネシアのバリ島でも同様のプロジェクトに取り組んでいた。しかし2008年2月、60代半ばで亡くなられた。まだこれから一花咲かそうと話していた矢先だった。

その訃報に際し、有志が追悼文集を編集することになり、私も寄稿した。当時の私の気負いとプロジェクトの理解にもなるだろうから、改めて中澤さんに哀悼の意をこめて書き残しておきたい。

「伝説の専門家」中澤昭夫さんを偲んで

1997年3月、中澤さんから突然メールをもらった。「パナマでマグロのプロジェクトをやっているところだが、その関係で、パナマ在来種のフエダイの種苗生産の助っ人で来てくれないか」と単刀直入なお誘いだった。私は中澤さんとはそれまで面識がなかった。

当時、フエダイ類の種苗生産はふ化直後の仔魚の飼育が困難とされ、ふ化後10日を超える飼育の成功例は少なかった。たまたま私が学位論文でその問題に取り組み、いくつか論文を発表していたのを中澤さんが目にとめたのだろう。

メールをもらったとき私は、フィリピンのSEAFDEC／AQDにJICA専門家として赴任中で、その副局長をしていた白旗総一郎さんと中澤さんがチリのサケ養殖プロジェクト以来の友人だったので、その人脈で「土居でまあよかろう」ということになったようだ。

私は数年前から独立系のコンサルタント会社のインテムに所属していて、この専門家任期が切れたら「どうしたもんかなあ」と次の仕事のことを考える日々を送っていたが、40歳の怖いもの知らずのころだったので、単刀直入にメールでこう返信した。

「興味があります。行かせてください。ですが、財団はこれまで民間の専門家にコンサルフィーをきちんと払っていないそうです。私は会社に所属しているので、最低でもJICA基準でお願いします」

「あんたが土居さん、あとヨロシク」

財団にはこれまで、人件費以外の所属先補填（会社の事務管理費や利益の供与）を払った例はなかったそうだが、中澤さんと何回かやりとりをしているうちに、エイヤと「1日6万円」で交渉がまとまった。財団としては通常の倍額の〝破格〟のギャラだったそうだ。いまから思うと、財団のODA予算が比較的潤沢だった時代背景に加え、その後、財団初の外務大臣賞受賞者となる中澤さんの発言力が大きかったのだろう。後日の酒飲み話で、「フエダイの種苗生産は経験者でないと無理だから、土居さんに来てもらわないと諦めきれない。彼は民間人だからコンサルフィーを払うのは当然だ」と説得したと聞いた。

1997年10月、パナマ空港に到着。「あんたが土居さん？　はじめまして。じゃ行きましょうか」。中澤さん55歳、淡々としたものである。それまで何回かメールのやりとりはしていたが、会うのは初めてだった。中澤さんが運転する車に乗って空港から一路プロジェクトサイトのアチョチネスへ。

道中、自己紹介からこれまでの人生のあれやこれや、共通の知人や専門家の消息、独断と偏見による人物論評、ODAのあり方、業界事情、JICAや財団への期待や注文、家族のこと、好きな料理と酒、カジノにゴルフ、魚の成熟と産卵、初期飼育について、そしてマグロとフエダイなどなど、約3時間余のドライブはあっという間だった。

アチョチネス研究所は、空港（パナマシティ）から南西のアステロ半島の太平洋岸、後背地が山に囲まれた高台にある。ここにあるのは1000トン級のキハダマグロの巨大な親魚水槽と関連種苗の生産施設、それにスタッフの宿舎だけだった。飲み屋なし、コンビニなし、もちろんTSUTAYAもない。歩いて人里にたどり着くのはとても無理という陸の孤島だ。当時放映されていた恐竜映画「ジュラシックパーク」になぞらえて、私はツナシックパークと呼ぶことにした。

そのツナシックパークの宿泊ルームに着くやいなや、中澤さんはこう言った。

「僕、2、3日したら休暇で1カ月ほど日本に帰るから、あとヨロシク」

中澤さんとの出会いは私の新しい船出となった

「?・?・?……！！！」。私はここもパナマも初めて。スペイン語ダメ、料理ダメ、なんですけど。

ということで2カ月間のパナマ幽閉、籠城生活がはじまった。中澤さんがいなくなってからの毎日は、米国人バーノン所長の協力を得つつ、身振り手振りでカウンターパートのアマードさんらといっしょにフエダイの種苗生産に取り組んだ。生活は、3食ともスタッフといっしょに食堂飯。夜は顕微鏡と寝酒と文庫本。ツマミはマグロの餌用冷凍イカをつまみ食い。朝は庭先にくるハチドリを見て、「オレもとんでもないところに来てしまったなあ」と、しみじみ嘆息する毎日だった。

やがて中澤さんがツナシックパークに帰ってきた。

「どう、元気にしてた?」

「はい、ええ、まぁ……」

しかし、それから食生活は一転した。中澤さんが作ってくれる本格的な手料理とワインで飽飲飽食の毎日がはじまった。私も海外生活は長く、多くの専門家の「猛者」たちにお目にかかったが、中澤さんのインパクトは強烈だった。

それまで私はビールに酒にウィスキー、焼酎というふつうの呑み助だったが、ワインはデカンタにして、つまみはローストビーフにカマンベール、オリーブはアンチョビ入り、キハダはカルパッチョで、グラスや皿はきちんとスタンバイしておく、などなど、それはそれはカルチャーショックだった。さらに中澤さんの部屋には見事なトローリングロッドが並び、週末は船を浮かべて釣りである。長期専門家中澤さんのダンディズムは心憎いばかりだった。

肝心の仕事は、中澤さんの指導による親魚の栄養強化、つまり卵質の改善と、私が天然の池から分離培養したSSワムシ（通常のサイズより小型のワムシ）の給餌効果が相まって、パナマ初のフエダイの種苗生産を成功させることができた。2カ月間の短期間だったが、私にとってたいへん充実した時間となった。中澤さんからは、「知っている若手でツナシックパークに長期で来られる人いない？　所属先補填はなしだけど」という追加要請をもらい、私は「所属先補填なし」に大いに迷ったものの、JICA専門家として売り出し中でインテムに所属してくれた丹羽幸泰さんを紹介し、受け入れてくれることになった。中澤さんとの出会いは、コンサルタントとしての私の新しい船出になった。技術面だけでなく、メンタル面、人間関係の面でも大いなる追い風をもらうことができた。

単独単発型からプロジェクト型複数回派遣案件へ（2000～2003年）

こうして専門家業務を継続しながらも私は、コンサルタントとして復帰して単独単発型の案件を中心に受注を広げ、JICAの公示案件に応札しつづけた。プロポーザルを出せば8割程度の確率で受注できるようになり、まずは食ってはいけた。しかしそのためには、年に何回もプロポーザルを作成して合否に一喜一憂し、自転車操業で出張をくりかえさなければならない。これでは、さすがに「いかがなものか」と考えざるをえなかった。

そんな折、フィリピンで実施中の「直営型」の技術協力プロジェクト「フィリピン国セブ州地方部活性化プロジェクト」から、短期専門家として複数年、複数回の派遣で来てくれないかと声がかかった。直営型というのはJICAが直接個別の専門家を調達（採用）するやり方で、指名された専門家は競争することなくほぼ業務に参加できるが、そのぶんコンサルタントフィーは安い。

誘ってくれたのは、東水大と郷里の土佐高で一年後輩にあたる千頭聡専門家だった。伏線は、私がSEAFDEC／AQDの専門家をやっていたこと、その後1998年4〜7月にJICAフィリピン事務所に席を置く企画調査員として水産セクターの援助構想案を作成したことだった。何事にもこうした伏線があるもので、いつ、どこで、どうつながるかわからないから、コンサルタントたるもの、どんな仕事にも誠実に全力を尽くし、しっかりと評価を上げていかなければならない。

千頭さんには、のちにインテムに所属してもらい、カンボジアの養殖プロジェクトの初代プロジェクトリーダーをお願いすることになる。

所期の目標達成、日本のテレビの取材を受ける

このプロジェクトの私の役割は、対象地域のフィリピン諸島中央部のセブ島（セブ州）で水産分野の基礎調査をおこない（第1年次、2000年）、生計向上につながる計画を作成し（第2年次、2001年）、それを試行的に実施して（第3年次、2002年）、これらの活動をセブ市の職員と取り組むことでキャパシティビルディングにつなげていくことだった。勝手知ったフィリピンではあったし、プロジェクトに

参加したメンバーにも恵まれて、有意義な3年間のプロジェクトとなった。

ここでは、水産分野の生計向上事業としてキリンサイの養殖とミルクフィッシュの網生け簀養殖を取り上げた。キリンサイは沿岸岩礁域に自生する海藻の一種で、フィリピンでは生で食べたり、食品添加物として重要なカラゲナンの原材料として輸出されている。ミルクフィッシュ（タガログ語でバグース、台湾ではサバフィー）は熱帯から亜熱帯に生息する中型魚で、汽水池での養殖対象となる。とくにフィリピンでは「国魚」として知らない人はいない。

結果的にキリンサイの養殖は所定の成果を収め、対象が食べ物で目に見え、親しみやすいせいか、日本のテレビ局が取材して放映してくれた。レポーターは日本で女性ジャズシンガーとして活躍しているマリーンさん。撮影は2日間におよび、ディレクターから「2日間同じ服でいてね」とか「は～い、海に入って技術指導してください」とかいろいろ注文されたが、放映では肝心のところはほんの数分間だけ。よく考えれば、「まあ、そんなものかな」と納得した。

ミルクフィッシュの網生け簀養殖は、従来は池でやっているのを、より集約的に網生け簀を使って給餌しながらやってみようという試みだった。コストがかかるし、ちょっとむずかしいテーマかなと思って当初反対したのだが、カウンターパートのセブ市の女性がどうしてもチャレンジするというので小規模にやることとしたが、やはり給餌をともなう網生け簀の養殖管理を継続することはできなかった。

カウンターパートのやや感情的な要求に対し、私は「絶対ダメ」とまで押し返しきれず、行政の専門家として失敗するのも一つの経験だろうと認めてしまったのだ。この判断の評価は分かれるところだろうが、プロジェクト内部で私は内々にお叱りを受けることになった。

セブのプロジェクトは私生活でも実り多かった。というのも、とくに水産系コンサルタントの海外派遣先はほとんどが辺鄙な田舎町ばかりだが、セブは羽田から直行便もある有名な観光地。時間も距離も近いから週末に家族を日本から呼びよせ、当時5歳の娘とホテルのプールで遊んだ休日は、数少ない貴重な思い出となった。

典型的な開発コンサルタントの年間業務パターンとなる

21世紀前のこのころ、インテムや私個人の実績もそれなりに評価されるようになり、大手コンサルタント会社からも指名がかかるようになった。下請けだから儲けは限定されるが、この時期は「儲けより実績」を重視して、どんなオファーにもまず「ハイ」と返事をした。考えるのはそれからという状態だった。

そんななかで、「ブラジル国アマゾナス州環境調和型地域住民生計向上計画調査」という厳めしい名称の開発調査への参加がオファーされた。アマゾン川中流域で、主要農作物の栽培強化を通じて住民の生計向上を図る計画作りで、主要農作物の一つになぜか魚の養殖が入っていて、私にお鉢が回ってきた。

こうしてスタートした21世紀の2000～2003年は、フィリピンとブラジルを中心業務に、空いている期間に新規の単独単発型の案件を受注して売り上げに貢献するという、典型的な開発コンサルタントとしての年間業務パターンができあがった。

このブラジルの案件は、コンサルタントの調査業務として典型的な事例なので開発コンサルタントのスキーム説明と合わせて、次に少し詳しく紹介する。

インドネシアのバリ島で。
中澤夫妻（左）と筆者と家族（右）。

アマゾン川を背に。
左から筆者、英国人コンサルタント、米国人コンサルタント、現地スタッフ。

マナウスの市場で。アマゾンを代表する高級魚タンバキ。

開発コンサルタントのメーンストリーム「業務実施型」案件

セブ州の短期専門家派遣による技術指導は、ＪＩＣＡから会社や専門家に「業務委託」するかたちで発注される。契約形態としては「業務委託契約」と呼ばれるものだ。ＪＩＣＡの職員として仕事するような「偉く」なったような気分になるが、民間ビジネスとしては中途半端である。会社や所属先組織への利益貢献度もおのずから低い。人それぞれの考えはあるだろうが、開発コンサルタントとして評価されることをめざすなら、民間ベースで妥当な利益を上げながらプロフェッショナルとして開発途上国の発展に貢献しようと考えるべきだ。

その観点に立つと、同業他社との競争入札で受注し、ＪＩＣＡとは対等な関係でコンルタント契約つまり、「業務実施契約」を交わしておこなう業務こそ、開発コンサルタントにおけるメーンストリームというべきである。業務を請け負うときの報酬単価、つまり1人が1カ月働いていくらもらえるかの単価（人月単価）のいちばん高いのがこのカテゴリーである。

私がこれまでやってきた「単独派遣型」の業務や後述する「評価調査」も業務実施型案件というカテゴリーに入るが、スケール的には一番小さいランクに位置づけられる。

ＪＩＣＡが民間コンサルタントを調達する場合のスキームは、時代時代に合わせて変化しており、複雑である。それを一つひとつ解説するのは本書の目的ではないが、開発コンサルタントはビジネスであり、総合的に見てもっとも利益率が高い案件、あるいは将来を見据えて営業的に取り組む案件を狙っていくものであることは、知っておいてもらいたい。

「資金協力案件」のコンサルタントの仕事

ＪＩＣＡの「業務実施型」のコンサルタント業務の内容は、大きく「資金協力案件」と「技術協力案件」とに分けることができる。

資金協力案件の代表的なものが、「無償資金協力案件」と「有償資金協力案件」である。相手国政府に返済義務がないものが無償で、低利ではあるが返済を求めるのが有償である。無償資金協力案件の例としては大学や病院、小規模な漁港などの建設（通常、10億円前後）、有償資金協力案件としては大型の漁港・商港や鉄道、道路、空港など建設規模が大型となるインフラ整備プロジェクトが多い。

これらの案件において、コンサルタントは調査や設計をおこない、実際に施設を建設する総合建設企業（ゼネコン）や機材を調達する商社の入札に必要な技術資料（入札図書）を作成する。また、落札者（受注企業）が決まったあとは、その工事や調達について、施工監理・調達監理業務をおこなう。

「技術協力案件」のコンサルタントの仕事

一方「技術協力案件」は、現地の開発途上国の行政担当者や技術開発担当者（一般にカウンターパートと呼ぶ）とともに、調査や実際のプロジェクトをいっしょに推進してタスクフォース的な成果を上げると同時に、その活動によってカウンターパートの能力向上を図っていくことをめざしている。このスキームのなかでは、カウンターパートの日本や第三国での技術研修が組み込まれるのがふつうである。

現在は、このような技術協力案件を「技術協力プロジェクト」と総称して、民間の開発コンサルタントに発注することがふつうにおこなわれているが、この当時は、民間に発注されるのは計画策定のための調査で、「開発調査」と呼ばれるものに限定されていた。すなわち、「インドネシア国淡水養殖振興計画」のようなプロジェクトの実施にあたっては、すべてＪＩＣＡが直営でチームを編成する方式（各専門家を個別に採用する）で実施されていた。その後、民間に一括して業務発注する方式（民活技プロと呼ばれるケースもある）が採用されるようになってきたが、現在でもＪＩＣＡ直営型で進める案件も多くあり、現場では実施形態が異なる案件が混在している状況にある。

政府間の覚書で実施するＯＤＡの性格上、どうしてもＪＩＣＡが直接実施せざるを得ないものもあろうかと思うが、コンサルタントの立場としては可能な限り民活化を図ってもらいたいと考えている。

「開発調査」と呼ばれる仕事

開発調査とは、簡単にいうと開発途上国において適切な開発を進めるための計画作りである。私の専門分野の養殖を例にとると、次のような検討をおこなっていくことになる。

・魚の養殖開発を進めるという理由、背景には何があるのか。
・養殖開発はその国の政府の方針に照らして妥当と考えてよいのか。
・技術的にどのような魚種の養殖をすればよいのか。
・養殖に適した場所や地域のポテンシャルはどのくらいあるのか。
・種苗や餌はどうするのか、どんな養殖形態や技術が最適なのか、環境への影響はないのか。
・養殖はビジネスとして儲かるのか、例えばバナナの栽培よりも経済効果があるのか。
・何人くらいの雇用が創出され、便益を受けるのか。

・政府はどんなサポートをすべきか。

これらの点について、現地で総合的に調査、分析して現地の関係する担当部局、カウンターパートなどと議論しながら、「計画書」としてまとめていく業務のことである。

アマゾンでの国際協力案件の花形「開発調査」(2000～2001年)

一般に開発調査は総合的なテーマを扱うので、参加するコンサルタントも専門分野別に複数名、ときには10人を超える規模となる。そして、分野ごとにその調査検討結果をとりまとめるとともに、総括(プロジェクトリーダー)を中心に一つの計画書案としてとりまとめていくことが求められる。

今回、私にお呼びがかかった「ブラジル国アマゾナス州環境調和型地域住民生計向上計画調査」案件では、日本工営という日本最大手のコンサルタント会社が受注し、次のように9つの担当別に9人のコンサルタントが配置された。

「総括/環境/市場経済/農村社会/熱帯果樹/野菜/農産物加工流通/水産物加工流通/業務調整」で、このうち3人が外国人で、私は「水産物加工流通」を担当する。正式名は水産物加工流通となっているが、実際は養殖振興がメーンテーマである。大きなプロジェクトで複数回の現地調査となるので、しっかり成果を出さなければと身の引き締まる思いだった。

調査対象となるアマゾナス州はブラジル北部、アマゾン川中流域のマナウス(州都)を中心とする面積157万1000平方キロ(日本の約4倍)の広大な面積の地域である。アマゾン川の低湿地帯と熱帯林が広がり、住民による漁業も盛んである。これほどの地域を対象に、日本人の私が養殖について今後の計画を構想するといっても、できることは限られている。実際は、これまで州の水産分野の行政官が取り組んできた養殖振興についての活動や成果をレビューするとともに、彼らといっしょに各地の養殖事情の調査をおこない、技術的な観点や組織制度的な観点から評価分析して、今後の養殖振興政策や具体的な活動計画を盛り込んだ事業計画としてとりまとめていくことになる。

私はこの調査の9年前の1991年に、民間の仕事でマナウスを訪れており、アマゾンの巨大な魚が並ぶ市場に度肝を抜かれた。今回、同じ市場に行ってみると確かに巨大魚はいたが、その大きさは一回り小さくなったと感じた。資源の減少を直感し、やはり今後は、アマゾンの魚といえども養殖の時代を迎えるだろうと確信した。

サーモン風に大トロ風、アマゾンの養殖魚はうまい！

この調査で養殖対象としたアマゾンの主な魚種について説明しておこう。いずれも養殖対象だけあって、見た目と違って味はどれも美味しい。

ピラルク：　鱗を持つ魚で世界最大の淡水魚。体長3メートル、重さ300キロ。池や網生け簀で飼育すると1年で10キロ、2年で20キロになる。肉食性で獰猛な顔つきをしているが、身はサーモンのようなほのかなピンク色で、どんな料理にも合う。私はムニエル系がお奨め。

タンバキ：　アマゾンを代表する大型魚。体長1.5メートル、重さ30キロ。うまい魚の筆頭格だ。雨季に森が冠水するアマゾンの森の硬い木の実を食べることで有名。うまい部位は腹骨部。マグロなら大トロの部位で、白身で脂が乗り、骨付きのままかぶりつく。養殖開発の期待が大きい。

ツクナレ：　ピラルク、タンバキと並ぶ高級魚。釣り人にはピーコックバスで知られるブラックバス系の魚。カルデラーダと呼ぶジャガイモやゆで卵と煮込んだスープがうまい。滋味という言葉がぴったりで、ピラニアスープもうまいが、私はこちらをお薦め。

ジェラキ：　高級魚と比べてワンランク下の評価だが塩焼きは最高。旬のサンマのように脂が乗ってうまい。泥臭いともいうが川魚特有の香りがいい。マナウスで水揚げ量第1位。ジェラキを食べた人はアマゾンにまた帰って来るという。私はその機会に恵まれていない。

それにしてもアマゾンの人々は魚をよく食べる。調べてみるとマナウス近郊の農漁業者の1人当たりの魚消費量は年間200キロを超える。周りは水浸しで魚だらけだし、ガタイも大きいのだから、納得できる。1人当たりの魚生産量では国別でインド洋のモルディブが世界一で約140キロと言われているが、それを遥かに凌駕している。ちなみに日本は、2012年のFAO統計で57キロとなっている。

その国の将来の方向性、戦略を計画する開発コンサルタント

肝心のプロジェクトの調査結果だが、私は「アマゾナス州の小規模漁民がおこなう環境にやさしい小規模養殖の振興」と、「閉鎖性の強い湖における種苗放流による資源増殖事業」を核とする将来の青写真を提案することができた。この計画が具体的に実施されるには、さまざまな問題を克服しなければならず、計画どおりにはなかなか進まないだろう。絵にかいた餅になるかもしれない。しかし開発コンサルタントとしては、このような国や地域の将来の方向性、戦略を現地のカウンターパートと議論し、現地に足を運んで具体的な形にしていくのが仕事であり、いつか必ず役立つことを願っている。

このプロジェクトでは、アマゾンの巨大魚に遭遇してワクワクしたことと同時に、参加した異分野の専門家や外国人コンサルタントといっしょに働けたのは貴重な経験であり、将来へ向けて大きな収穫だった。

彼らの多くは優秀で熱心だった反面、大企業の専門家や外国人部隊の一部には、語学が堪能で業務実績は見事といっても、残念ながら仕事のグレードには「?」と思える人もいたのは否定できない。しかし、そうした人たちもまじえた集団として、顧客のJICAや相手国政府には必ず一定レベル以上の成果品を提供しなければならないのはいうまでもない。開発コンサルタントという仕事、そして、とりわけそれをとりまとめる「総括」クラスの働きや、会社組織としてのバックアップ体制の重要性についてもしっかり学ばせてもらったプロジェクトだった。

仕事は仕事で精一杯がんばる、お休みにはご褒美を

プロジェクトの総括は藤岡正満さん68歳が担当した。気骨のある農業開発分野のコンサルタントとして知られた人だ。魚が専門の私にも丁寧に応対、指導してくれた。余計な話だが、ゴルフが趣味で意気投合し、コンサルタントとして地球の裏側までクラブを担いでいくのはいかがなものかと思案しつつも、二人で相談して、大型ゴルフバックは目立つから、クラブだけ機材預け手荷物にうまく収めていこうと算段し、素知らぬ顔で持参した。マナウスでの休日に有効活用したのはいうまでもない。

仕事は仕事で精一杯がんばる、そしてお休みにはご褒美をというわけだ。私は海外生活ではこのような遊び心も重要な要素だと考えている。

マナウスへは日本からロサンゼルス経由でサンパウロに入り、さらに飛行機を乗り継いで22時間の長旅

となる。これだけの長距離を数回往復すれば、当然、マイルは貯まる。開発コンサルタントの役得の一つとご容赦いただきたい。

自然環境分野プロジェクトへの参入（2000〜2003年）

開発調査に関わりはじめたこのころから私は、専門分野の水産や養殖の知識をバックグラウンドとした実務型のコンサルティング業務のキーワードとして、「生計向上」と「自然環境」を意識するようになった。また、水産学は国際協力や地域開発における基礎学問として位置づけることができるとも思った。

私はもともと子どものころから自然が好きだった。駆け出しコンサルタント時代には、ダムの建設計画に関連した環境社会配慮調査とか国内の河川環境調査などもやってきたが、ここにきて「湿地環境」の保全を上位目標とする本格的な自然環境プロジェクトに参加する機会を得た。

ごく短期間の下請け仕事だったが、2000年5月の「ラトビア国ルバナ湿地帯総合管理計画調査」というのがそれで、湿地の水管理とかビオトープ、自然環境系の技術者が多く配置されていたのだが、水産や魚の生態学的な見地からの分析が不足しているとラトビア政府から指摘され、急遽、水産バックグラウンドの専門家を投入することになったのである。

ラトビアで会った湿地専門家に学んだ保護と保全

フィンランドの南、ポーランドの北に位置しバルト海に面したバルト三国の一つのラトビアは、ダウガバ川流域の低湿地帯の国で、プロジェクトサイトのルバナ湖はその内陸の中央部にある湖で、面積約

780平方キロと国内最大である。ラムサール条約（国際湿地条約）の登録湿地でもある。私の業務は湖周辺の漁業と養殖の実態を調査して、水産セクターの視点から湿地環境の賢明な利用（ワイズユース）について何か考えられないかというものだった。

このプロジェクトで、ルバナ湖のほとりのレゼクネ市（首都リガから東へ170キロ）の現地事務所で机を並べたのが、私と同じく下請けという立場で民間コンサルタント会社から派遣された安藤元一さんだった。安藤さんはその後、東京農業大学の教授になり、湿地保全のNGO「ラムサールセンター」の会長を務めた湿地の専門家である。

恥ずかしながら私はその当時、ラムサール条約なんて一部の鳥好きバードウォッチャーのたわ言ぐらいにしか思っていなかったのだが、安藤さんから毎日、ラムサール条約と条約がめざす「湿地の保全と賢明な利用」の理念について話しを聞くうちに、これは水産学徒である私のフィールドといっしょではないかと思うようになった。

養殖関係者にとってカワセミ、アオサギ、カワウといった魚食性の野鳥や安藤さんが研究するカワウソなどは天敵であり、駆除することしか頭になかった。しかし、豊かな自然環境のなかで暮らす彼らと共生する道を探るのは、人類にとって望ましい未来であることを再認識した。

安藤さんはいわゆる環境原理主義者とは違い、ふつうの日本人的感覚で環境保護の重要性を唱えながらも、資源の有効活用、例えば捕鯨や漁業管理についても私と同じ目線で話しができる研究者だった。そんなことから大いに意気投合した。保護（Protection）と保全（Conservation）の考え方の違いや、ラムサール条約の賢明な利用（Wise use）という視点などは新鮮で大いに刺激を受けた。

白樺の林を抜けたところに美しい湖が広がり、水鳥が飛び交うほとりでワインを飲みながら自然環境保全について語り合ったが、そんな経験は後にも先にもこのプロジェクトだけの貴重な時間だった。

我ながら感心する年間6カ月以上の海外生活

ラトビアを含めてこの時期の私の海外業務を並べてみると、まあ我ながら感心する。年間6カ月以上は当たり前、2000年には9カ月間も海外で仕事をしていたことになる。しかも、アジア（フィリピン、ベトナム、ミャンマー、インドネシア、インド）、北欧（ラトビア）、中南米（ブラジル、メキシコ）、中近東（グルジア、オマーン）、大洋州（ミクロネシア）、カリブ海・カリコム諸国（ベリーズ、ジャマイカ、バルバトス、トリニダード・トバゴ、グアテマラ、スリナム）と、あっちへこっちへ東へ西へ南へ北へ、手当たり次第どこへでも飛び回っている感じだ。働き盛りだったのだ。

2000年以降、このラトビアの案件を踏み台に、先に書いたフィリピン（短期専門家）やブラジルの業務実施型案件の間を縫って、単発単独型ではあるが、私は自然環境系のプロジェクトに傾注していくことになる。

インドのチリカ湖からはじまった自然環境分野への進出

このなかでとりわけ思い入れが強かったのはチリカ湖の案件だ。チリカ湖は、インド東岸のオリッサ州にある面積が雨季で1165平方キロ（乾季で960平方キロ）と、琵琶湖の約2倍の大きさの汽水湖で、水鳥の越冬地、イラワジカワイルカの生息地として知られるラムサール条約登録湿地である。最大水深が

4メートルの浅い湖だ。

私はラトビアの案件でラムサール条約について知り、似たような切り口の案件はないものかと密かに狙っていた。その折、JICAがインドの自然環境保全分野で協力するにあたっての基礎調査をするコンサルタントを募集することを知ったので、さっそく応募したところ、めでたく受注できた。調査は陸域と水域を2人のコンサルタントが別々に担当する。私は水域担当で、その対象の一つがチリカ湖だった。

ラムサール条約では生態系の悪化が懸念される登録湿地をモントルーレコードというリストに記載して警鐘を鳴らし、その国に改善を勧告する。数年前までチリカ湖はそのモントルーレコードの湿地で、インド政府とオリッサ州政府は環境回復に取り組んでいた。その事業責任者がチリカ開発公社(CDA)の代表のパトナイクさんだった。

彼は、日本のNGOラムサールセンターの支援を受けて先進事例の北海道のサロマ湖を視察するとともに、環境回復に向けて活動していた。つまり、JICAとして実効性のある技術協力を進めていくためのお膳立てが整っているように見えた。帰国して私はそう報告した。

開発コンサルタントと国際NGO運動との接点

この報告を受けて2年後の2003年に実施されたのが、「インド国湿地保全短期専門家派遣」だった。今回は具体的にチリカ湖に的を絞って、どんな協力メニューが考えられるかを検討する専門家派遣で、ひきつづき私が行くことになった。とにかく広い湖なので、どこから、どうアプローチするか攻めあぐんだが、パトナイクさんと議論をして日本への協力要請書作りを手伝った。

内容は、漁業や漁民の問題、流域環境の問題、代替生計手段の問題などを広く取り上げ、住民参加型で問題解決を図り、湖の環境保全への道筋をつけるというシナリオだった。この調査結果について東京で報告会が開かれ、関係者と共有した。

そのとき初めて会ったラムサールセンター事務局長の中村玲子さんから、「コンサルタントとは若干の距離感はあったが、チリカ湖問題をここまでまとめてくれてありがとう」と感謝とねぎらいの言葉をもらった。以来、私もラムサールセンターの会員となり、現在まで付かず離れずのよき話し相手、飲み仲間として交流をつづけている。

さらにこの1年後の2005年2月には、このチリカ湖をラーニングサイトとしてCDA、オリッサ州森林環境省、ラムサールセンターが主催、インド環境森林省、日本国環境省などが共催して第3回アジア湿地シンポジウムが州都ブバネシュワルで開催され、後援するJICAから調査結果の発表を要請され、二つ返事で参加した。

プロジェクト実施までに時間がかかる理由

チリカ湖案件は、その実施までにJICA内部でさまざまな議論がおこなわれ、私にも何回か問い合わせがあった。そしてようやく実施が決まる段階で、内々に専門家リーダーとして参加してくれないかと要請ももらった。しかしこの時期、後述するインテムの社運を賭けたカンボジアの養殖プロジェクトがすでに進行中だったので、参加を見送らざるを得なかった。

この「住民参加型でのチリカ湖環境保全と自然資源の持続的利用計画プロジェクト」は、2006年10

月～２００９年10月、古巣のシステム科学によって実施された。

それにしても、ボトムアップで形成していくＯＤＡプロジェクトには、実施までに時間がかかるものが多い。皮肉をこめて言えば、いわゆる「政治案件」の類は早いのだが。このプロジェクトでも２００１年10月に私が行ってからプロジェクトの開始まで5年を要した。現場で実際に調査をして、地元の人々の声を聞いてきたコンサルタントの立場からは、もう少しなんとかならないかと思わざるをえない。

案件の実施が遅れた原因の一つは、プロジェクトの内容が多岐にわたるため、ＪＩＣＡ内部で担当部署を決めるのに多くの時間を費やしたためだろう。担当部署は、プロジェクトの内容とそのめざす「プロジェクト目標」の設定のしかたによって決まる。

チリカ湖の場合、自然環境の保全という大きな枠組みに貢献するレベルで取り組むのか、主要部分である漁業資源の持続的利用の観点から住民の生計の安定化を図ることに焦点を当てるのか、という議論だったと思う。前者なら地球環境部、後者なら農村開発部となる。しかし、ことはそう簡単ではない。漁業資源の持続的な利用には、自然環境の保全が重要な要素となるからだ。卵が先か鶏が先か、はたまたトートロジーにすぎないのかという議論がつづいたわけだ。

結果的にＪＩＣＡとしては、住民の生計向上への寄与という、目に見える効果を期待する観点から農村開発部の案件となった。

「真のニーズ」に応える業務計画と「柔軟な現場対応」

チリカ湖の例は、案件内容のグレーゾーンの扱いをどのように整理するかという典型的な試行錯誤だったと思う。援助プロジェクトの立案には似たようなジレンマがたくさんある。

例えば、プロジェクトの目標を「零細漁村の生計向上を図る」とするのか、「漁村の漁業生産の増加を図る」と設定するのかで、異なる活動が展開される。前者では漁業活動自体の活性化も重要だが、それ以外に農業とか家内工業とかの代替生計手段の導入も検討していく必要がある。後者だと、漁船の規模拡大とか、販売先の魚の流通ネットワークの整備などが主な活動としてイメージされる。

実際のプロジェクトの現場では、個々の活動のきれいな整理、区別はなかなかむずかしい。そこにはいろいろな政治的なバイアスもかかってくる。したがって、実務を担当する開発コンサルタントとしては、できるだけ相手国の「真のニーズ」に近い業務指示書の作成をＪＩＣＡに期待するとともに、実施過程においては、ＪＩＣＡ担当者と緊密に連絡をとりあって「柔軟に現場対応」することが求められる。

援助の質を評価する「評価コンサルタント」の登場（2002～2006年）

少し時代を遡って、「評価コンサルタント」について触れておく。１９９０年代中頃から、世界的に国際協力の「援助の質」が問われるようになり、援助案件を評価する手法がいろいろ考案された。日本でもＪＩＣＡが「プロジェクトサイクルマネジメント（ＰＣＭ）」手法を導入し、すべての案件にこれを適用することになった。ＰＣＭ手法をマスターしたコンサルタントに客観的な評価をさせるわけで、新しいコンサルタント業務分野の出現である。

民間のビジネス社会では、こういう新しい分野や資格は早い者勝ちが鉄則である。私も早速、研修を受けて手法をマスターした。まあ、そう認めてもらった。すると途端に、人がいないから早速やってくれと声がかかった。1998年10月、「タイ国水産物品質管理研究計画」だった。

その後も評価関係の仕事が増えてきたので、時間の許すかぎり受注した。現在は評価を専門とするコンサルタントも育っているが、当時は、専門分野の副業的に評価案件に進出する人が多かった。私も水産や自然環境分野の評価案件があれば、積極的に応募した。

評価の実務は、1件につき国内作業も入れて1カ月から1カ月半程度かかり、それを次々と自転車操業的にこなさなければならない。すべて公示でプロポーザル審査があるから、A国で現地調査をしながら、夜なべ仕事でB国の新しいプロポーザルを作成することもあった。うまく受注できれば、帰国してA国の評価報告書をまとめながら、次のB国の調査計画書を同時並行で進めることになる。順調にいけばいいが、どこかでつまずくと時間は押せ押せとなり、綱渡りもいいところだ。

いくら稼げるからといっても、早くこの不健康な自転車操業からは抜け出したいと思う日々だった。

評価手法「PCM」による事前、中間、終了時、事後の各評価

評価調査についても説明しておく。評価の手法は、ドナー各国／機関によっていくつか開発されているが、JICAが採用したのが前述したPCM手法である。

評価には、プロジェクトの開始時点でおこなう「事前評価」、中間時点の「中間評価」、終わり近くの「終了時評価」、プロジェクト終了後数年経ってからの「事後評価」がある。

事前評価というとわかりにくいだろうが、開始前の計画段階で、予定どおりプロジェクトが実施できるのか、どんな不確定要素があるのかなどを検討しておくものだ。これによって活動が問題なく、有効と確

認されると、ゴーサインが出る。

評価、評価で大変だし、金と時間もかかるので、最近は中間評価や終了時評価はプロジェクト内部でのモニタリングに任せて省略することもある。

具体的に終了時評価を例に解説する。PCM手法では5項目評価といって、プロジェクトの、

①妥当性（活動が相手国の政策やニーズに合致していたのか）、
②有効性（目標は達成できたのか）、
③効率性（投入した人材や予算は効率的に使われたのか）、
④インパクト（波及効果はどれだけあったのか）、
⑤自立発展性（援助の終了後、相手国だけで活動をつづけていけるのか）、

についてプロジェクト活動を客観的に分析、評価する。これら5項目は、経済開発協力機構（OECD）の開発援助委員会（DAC）で採用されている世界共通の評価基準である。

作業はプロジェクトの専門家から提出された「終了時報告書」を精査して、その成果について、現地で事実を確認したり、関係者とくに直接利害のおよぶ地元住民やカウンターパートにインタビューしたりして、良かった点、反省すべき点などを評価し、報告書にまとめる。

「評価のための評価」に偏ってはいけない報告書の作成

私の場合、2002年から2006年までの約5年間、評価調査をメーンの業務の一つと位置づけて取り組んだ。しかしその後、私のような副業的な評価者ではなく、評価調査を専門とするコンサルタントが

登場すると私の受注率は下がり、体力的にもしんどくなったので撤退した。

負け惜しみではなく付言すると、彼ら評価専門コンサルタントのなかには、語学が堪能で文章能力に優れているあまり、ややもするとＪＩＣＡや役所のための「評価のための評価」報告書作りに偏ってしまう者もいないではない。私が一歩引いたのは、そういう性格の仕事が性に合っていないからでもあった。

しかし評価調査に参加したおかげで、ＪＩＣＡはどんな点に目配せをするのか、水産分野とか自然環境分野の本格プロジェクトがどのように形成され、実施段階ではどんなことに留意しないといけないかなど、大いに勉強になった。


ハードワークだったユカタン半島の事前評価

3回も派遣されることになった「メキシコ国ユカタン半島北部沿岸湿地保全計画」に関する評価調査は、私とインテムにとって初めての本格的な評価調査だった。1回目の2002年が事前評価に相当し、現地でスペイン語の通訳をまじえながらワークショップをおこない、夜はホテルで、遅くまで結果の分析をする日が2週間もつづき、土日はとにかく寝るだけだった。

ユカタン半島の北部沿岸湿地は、メキシコ東部ユカタン半島の州都メリダの西に広がるマングローブ湿地のリア・セレストン保護区で、流出する河川がなく、地下水脈が河川のかわりになっている独特の自然環境で知られている。この地下水脈セノーテの潜水探検が観光の売り物で、マヤ文明の有名な遺産ククルカンのピラミッドも近いため、世界中から観光客が訪れる。しかし私には観光する余裕などなく、毎日ホテルに缶詰めで呻吟していた。

その後、プロジェクトはめでたく実施の運びとなったが、運営管理体制が現地政府との関係でギクシャクし、2005年にプロジェクト内容の見直し調査がおこなわれ、さらに2006年に中間評価が実施された。いずれも私が担当し、都合3回現地を訪れた。

それぞれ単独型のコンサルタント業務なので3回ともプロポーザル審査を経験したが、一般論として、評価調査も現地事情に予備知識がある人が入ったほうが効率的だから、初めに実績をつけると次の入札競争は有利になる。その後の終了時調査には別のプロジェクト予定が入っていて、私は応募できなかった。

インテム流コンサルタントの組織構造

そんなこんなで、評価調査や下請け案件で自転車操業的に食いつなぐ一方、高井さん、土井さんといっしょにインテムの経営安定と将来の展望を考えはじめていた。といっても世に出回っている経営ノウハウ本のように、ビジョンや長期戦略などという高邁な方針とはほど遠く、「ひたすらやれることをやる、できるだけ自由に、自分にも会社にもメリットがあるようにやる、そして走りながら考える」といった、典型的な中小企業パターンから抜け出せるものではなかった。

それでも1993年に役員3人でスタートしたインテムは、少しずつ社員も増え、1999年に10人を超え、2001年に20人、2005年には30人規模に拡大した。以降この規模で推移し、2018年現在、40人が在籍している。

インテムの技術系のコンサルタント社員には二つのカテゴリーがあり、「技術職」と呼ぶふつうのサラリーマンと「専門職」と呼ぶ案件ベースで働く社員とに分かれている。両者とも正社員だが、専門職はより自由度が高いコンサルタント業界独特のシステムで、会社によっては全員が案件ベースの報酬となっているところもある。

専門職という雇用形態と待遇――インテムの場合

コンサルタントという職業は、企業としての組織力よりも、個人の能力によって成果の質が左右されるという側面があり、JICAのプロポーザル審査においても、「業務従事予定者の経験能力」という項目の配点がいちばん高くなっている。100点満点で60点にくらいになる（案件により多少異なる）。参考までにあとの配点は、「コンサルタント等の法人としての経験・能力」が10点、「業務の実施方針等」が30点である。

つまり、いくら良さそうに見える提案をしても、きちんとその仕事ができる人を配置しないと駄目ですよ、ということである。業務従事予定者には複数いるが、いうまでもなく業務主任者（プロジェクトマネージャー、チームリーダー）の評価点が最も大きなウェイトを占める。JICAでは毎年ガイドラインを見直しており、2018年5月版では、「業務従事予定の経験・能力」が50点、「業務の実施方針等」が40点とされ、相対的に提案内容を重視する方向になっているようだ。

典型的なのは単独型の案件で、これは1人ですべてやるという前提なので、個人商店と同じだ。国内での仕事内容は、資料の分析や報告書の作成といったデスクワークが中心となり、インターネット環境が整っている現在では自宅勤務でも大きな支障がない。地方在住者でも家庭の主婦でも働くことができる。

インテムでいう専門職社員の場合の報酬は、簡単にいうと受注金額に対する歩合制となるので、仕事は自分で選ぶことが可能だ。能力が高くて、どんどん仕事をとれる人、あるいは自分のやり方で仕事を選びたい人にとっては、このほうが魅力的である。だからといって、好き勝手にやっていて、仕事がなくなったからと泣きつかれても、会社として面倒はみきれない。それは自己責任ということになる。

念のために書いておくと、技術職と専門職は働き方の違いだけであり、インテムの正社員であることには変わりなく、社会保険も完備している。だから私は同じように愛社精神を持ってほしいと思っているし、働き方以外についての両者の垣根はできるだけ低くしようと考えている。

私が統括する水産グループ（自然環境部）では、創業間もないころはＪＩＣＡ専門家で海外志向の強い人に専門職社員として集まってもらい、所属先補填という売上げでインテムを維持してきた。しかし、最近では技術職としての若手社員も多くなっており、少しは一般の企業組織らしくなってきた。

「コンサルタントは情熱がなければやっていけない」

出たとこ勝負が売りのインテムだったが、社員が20人を超えてきたころから、経営者目線から社会に貢献でき、かつ自分も社員も潤うような、そんな理想的な会社の在り方はないかと模索するようになった。そこで一念発起してというか、長期的な「経営計画」を作ってみた。

「インテムコンサルティング株式会社中期事業方針（２００２～２００５年）」がそれで、役員会で正式に承認された記録は残っていないが、私なりに今後のインテムの方向性を考えたものである。要約すると次のようなものだ。

1　基本方針：Strategic approach ／場当たり的から計画的へ

2　中期事業方針：
・無償資金協力案件について利益性を確保する─計画書を作成し、システム化を進める。
・社会開発系社員の増強を図り、開発調査への参画を進める。
・技術協力案件の民営化など新しいＪＩＣＡスキームへの対応を図る。
3　この方針にのっとり社員の規模を即戦力の補強中心に徐々に増やしていく。東京をベースとして、主に無償、開発調査、役務提供業務スタッフをもう少し増やし、事務管理部門を強化していく。即戦力の補強なので人事計画を立てるのはむずかしいが、将来的な会社規模を30人程度（役員、コアスタッフ、専門家、管理部門を含め）を目標としていきたい。以上。

これに沿って作った当時のスローガンみたいなコピーがある。

「コンサルタントは情熱がなければやっていけない、儲けがなければやっている意味がない」

古い話題だが、高倉健の映画「野性の証明」で使われ生命保険会社のCMでも流されたセリフのパロディである。原文は「男は強くなければ生きていけない、優しくなければ生きている意味がない」という、米国のハードボイルド作家レイモンド・チャンドラーの『長いお別れ』に出てくる主人公の私立探偵マーロウの言葉である。それなら「コンサルタントは儲けがなければやっていけない、情熱がなければやっている意味がない」となるのだろうが、私には逆のほうがしっくりしている。

いずれにせよ、ビジネスの9割は儲けを追求することであるが、重要なのは残りの1割で、「コンサルタントには情熱が求められる」のである。

第五章　カンボジアの養殖普及プロジェクト

初の本格業務実施型案件の受注へ

「場当たり的から計画的に」を旗印に、インテムは単独単発型や下請け案件ではなく、多くの社員が参加する複数年契約事業、つまり、業務実施契約による本格案件への挑戦に向かって歩みはじめた。しかし、「無償資金協力案件」ではぼつぼつ元請け受注できるようになったものの、私が推進したい「技術協力案件」の取っ掛かりはなかなかつかめず、悶々とする日々を送っていた。なにしろ実績ゼロという状況では無理もなかった。

そんななか、一つのチャンスがめぐってきた。カンボジアで新しく淡水養殖のプロジェクトを立ち上げるので、入札（プロポーザル競争）に参加しないかと声がかかったのだ。ＪＩＣＡはこの案件を、「提案型技術協力（ＰＲＯＴＥＣＯ）」という新しいスキームでやるそうで、通常のコンサルタント契約の単価より安い「ＮＧＯレベル」を想定しているから、それなら実績のないインテムでも食い込むチャンスがあるだろうというのだ。

「おいおい、こっちはＮＧＯのボランティアじゃないぞ。ビジネスでやってるんだぞ」と言いたいところは山々だが、偉そうなことを言ってはいられない。一も二もなくチャレンジすることにした。

とはいっても、業務の受注と運営管理でキーマンとなるプロジェクトマネージャー（プロマネ）をできる人材はインテムに見当たらない。私自身、淡水養殖なんてやったことがなかったし、このプロジェクトで最も重要な「技術普及」についての経験も不十分だ。技術普及には、私がやっていたような技術開発とは違う、実務的なノウハウが求められているからである。

「農民間研修」という新しいコンセプトを提案

そこで、まずプロマネ探しだ。候補者が1人いた。当時この分野で頭角を現していた「フィリピン国セブ州地方部活性化プロジェクト」の千頭聡さんである。彼に白羽の矢を立て、水面下でコンタクトをはじめた。

千頭さんは以前、私をセブのプロジェクトに短期専門家として誘ってくれた人で、その後も現地でJICA直営型プロジェクトの長期専門家として活動をつづけていた。ところがうまい具合に、このカンボジアの案件がはじまるころには任期満了となる。そこで今度は、私が彼を口説き落とす番になった。紆余曲折はあったものの、なんとか千頭さんに翻意してもらい、第一の難問は解決した。

次はプロポーザルでの提案内容、コンテンツだ。千頭さんと技術普及の方法について議論し、いろいろなアイデアを検討した。そして最終的に、後述する「農民間研修」という新しいコンセプトを提案することにした。

カンボジアは1970年から20年余りにおよぶ内戦で疲弊し、当時、政府機関には養殖技術の指導や普及に従事できる人材が不足していた。活動予算もまったくない状態がつづいていた。こうした状況下で農村地域での養殖技術の普及には、より簡易な技術で、かつ低投入で農家が即実践できる養殖方法の採用が求められる。さらに、その養殖技術の普及を農家自身に担ってもらう仕組みを考えなければだめだ。

のちにこの「農民間研修」方式は成功を収め、予想をはるかに上回る評価を得ることになる。そして、アジアだけでなくアフリカでも、養殖普及の有効な手法としてＪＩＣＡのプロジェクトに採用されていった「農民間普及アプローチ」の原型となったものだ。より広い意味で研修ではなく、普及アプローチと位置づけられている。

インテムの屋台骨を支えるプロジェクトとして受注

結果的にこの新提案によるプロポーザルは競合他社に競り勝ち、インテム初となる「技術協力プロジェクト」の元請けとして受注した。確かにコンサルタントとしての報酬単価はＮＧＯ並みで、利益はほとんど出なかったが、５年間の投入規模は１６０人月になる大型民活プロジェクトだ。５年で１６０人月だから年間32人月になる。１人平均５カ月の現地派遣とすると、６～７人分の食い扶持が確保できる計算だ。インテムにとっては間違いなく「大型」である。

私がこの入札結果を受け取ったのは、インドでチリカ湖の短期専門家をやっていた２００３年11月で、電話を持つ手が震えた。

「カンボジア国淡水養殖改善・普及計画」はこうしてインテムの屋台骨を支えていくプロジェクトとなった。英語表記はうまい略語になるように工夫して、「Freshwater Aquaculture Improvement and Extension Project（ＦＡＩＥＸ）」を提案し、承認してもらった。

上から目線の「技術移転」から住民参加の「農民間研修」へ

「農民間研修」とは、現地の農民が同じ農民に養殖のノウハウを教えるということで、特別なことではない。しかし、そんな珍しくもないことが有効な手法だと気づくのに、長い年月がかかったのである。

初期の技術協力は、「技術移転」という言い方をしていたとおり、上から目線で「教えてあげる」が基本だった。例えば魚の種苗生産技術なら、餌となる植物プランクトンや動物プランクトンの同定から培養まで、理論も含めて教育してあげたのである。しかもその対象は、相手国の大学の先生や研究者だった。しかし研修の結果、得られた知識や教訓は、もっともそれを必要としている養殖経営の現場にまで下りていくことは少なかった。開発途上国の研究者や指導者が知識や情報を抱え込み、仕舞い込んでしまうケースが多かったからだ。

もう一つの技術協力のアプローチは、養殖センターを建設して実証的な技術開発をおこない、集団研修によって技術を普及させるというやり方である。しかし、養殖センターでうまくできたとしても、必ずしも現場の養殖場には通用しなかった。技術レベルにセンターと現場とで温度差が大きすぎるからだ。例えば、水温とか溶存酸素量を毎日モニタリングして、変化した場合は臨機応変に対応するよう指導しても、小規模な養殖農家で水質測定機器などという便利なものを持っている人はほとんどいない。

「白い巨象」の轍を踏まず、草の根NGO的発想で

そして、養殖センターの運営費が援助機関のプロジェクト終了で打ち切られると、施設は痛み、荒廃が進み、やがて機材の墓場となって放置される。世界銀行やアフリカ開発銀行など国際機関のプロジェクト

で建設された大型施設が野ざらしになっている例は、あちこちにある。私たちはこれを、皮肉を込めて「白い巨象」、無用の長物と呼んでいる。

なかには政治的な意図で、PR的に建設されたものもあるのだろう。日本では会計検査院の厳しい洗礼を受けるが、国際機関では一体どうなっているのかと不思議に思う。カンボジアにも、巨大な養殖用の配合飼料製造プラントが、試運転で稼働しただけで白い巨象となっていた。

こうした経験と反省を踏まえて、現場目線の手法として提案したのが農民間研修である。この案件はNGO的で草の根的プロジェクトだから、施設の建設予算など元々ついていなかったし、和平後十数年しか経っていないカンボジアで、施設の運営管理に持続性があるとは考えられなかった。

種苗生産の「中核農家」と養殖生産の「一般農家」のウインウインの関係

農民間研修の基本構造は、まず地域でやる気があってリーダー的な資質、能力のありそうな養殖農家を発掘し、トレーナー研修をおこなって研修の講師に育成する。そして彼ら自身が実際に身に着けた知識と技術を周りの農家に講師として教えていく。

このような普及活動を支援するため、プロジェクト周辺の環境、条件を整えることに力を注ぐ。そのとき留意することは、活動の継続性は農家にとって互いに便益があるような仕組みを考えることである。

具体的には、教える立場の農家には、技術的にちょっとだけむずかしい種苗生産活動を担ってもらい、その種苗を一般の養殖農家に配布する。この種苗生産をおこなう先進的な農家を、技術普及の中心という意味で「中核農家」と呼ぶ。彼らは「一般農家」への種苗販売によって儲けが得られ、一般農家は種苗生産の手間が省け、かつ技術的なアドバイスを中核農家から継続して受けることができる。中核農家は、顧客ともいうべき一般農家との関係を密接にすることよって、さらに規模の拡大を図っていくことができ、ウインウインの関係を構築できる。

「農民間研修」による3段階技術移転方式

はたしてこの方式が実務的に通用するのかどうか、それは私たちも手探りだった。やってみるしかない。そこでカンボジアでは丁寧に、次のように3段階の技術移転方式を設定した。

第1段階：　まず、日本人専門家がカンボジア政府水産局の職員（カウンターパート）に、養殖技術とプロジェクトの全体像について研修する。カウンターパートの多くは大学卒業者で、一定の基礎知識を有しているので、知識の体系的な確認と復習の集団研修となる。ここでは、次の段階の中核農家候補者への研修プログラムを議論して共同で作成する。さらに、中核農家の選抜基準や小型種苗場のデザインについても共通認識を確立していく。

第2段階：　第1段階の研修を終えたカウンターパートが講師役となって、中核農家候補者を対象に、研修プログラムに沿って種苗生産技術を研修する。ここまでの研修、トレーニングは既存の公的な養殖施設を借りて実施する。基礎的な研修なので、ここまでは前述したようなセンター型プログラムとも似たコースになる。ここではカウンターパートといっしょにカンボジア語（クメール語）で、ときには英語をまじえてのコミュニケーションとなる。

第3段階：　ここからは既存の公的施設ではなく、中核農家が実際に使っている生産施設の養殖池で、中核農家自身が先生役になって、近所の一般農家を集めて研修をおこなう。そのなかから、真面目で積極的な農家に実践的な取り組みを促すため、中核農家が自分で作った種苗を配布する。この種苗はプロジェクトとして買い上げ、一般農家には無料で配布される。研修後も中核農家は、一般農家からの技術的な質問などに答えていく。

現地語でトンチンカンなやりとりが農民の雰囲気を和ませる

このように、文章で書くと体系的にうまくいきそうだが、一つひとつの段階が計画どおりに進むとは限らず、一人ひとりにそれぞれ違った指導も必要となり、想定外の問題がいろいろ噴出したりして、初めてのプログラムとあって苦労の連続だった。

第3段階のプロジェクトのハイライトとなる農民間研修では、中核農家のリーダーと一般農家の人たち、いわば農家のおじさんやおばさんたちには現地語のクメール語でたどたどしく、行きつ戻りつしながらコミュニケーションした。なかにはトンチンカンなやりとりがあって、かえってそれが会場の雰囲気をなごませ、和気あいあいとした雰囲気のなかで、熱気にあふれた研修となった。中核農家が答えに詰まったときは、カウンターパートや日本人専門家がフォローした。

研修を終えた一般農家は、自分の家の周りに小さな池を掘って養殖場を造り、譲り受けた種苗を放って、養殖を開始する。この種苗代は、形式的にはプロジェクト費から中核農家に支払われたことになっているが、実際は、中核農家がプロジェクトの支援を受けて自分で造った施設経費と相殺した形になっており、ここでの金銭のやりとりはない。

一般農家は、2回目以降は自分のお金で種苗を購入する。こうして、サイクルが回りはじめるという仕組みである。

プロジェクト地はプノンペンの周りの4つの州の貧しい地域

このプロジェクトの対象地は、カンボジアの首都プノンペンの周囲の、車でだいたい2〜4時間の範囲にある4つの州、コンポンスプー、タケオ、カンポット、そしてプレイベンである。養殖が比較的盛んなのはメコン河流域のコンポンチャムやカンダール州だが、村落開発という観点から水環境がより厳しい地域が選ばれている。

これら4州は、メコン川流域の低湿地帯から離れた、やや乾燥したところで、カンボジア国内でも貧困度が高い地域である。乾季の終わりの2〜4月にはカラカラに乾いた平原や田んぼが広がり、こんなところで魚の養殖もないだろうと思えるような場所である。

人々の生活は、ほとんどが水田耕作を主な収入源とする農家で、乾季には蓄えた米や魚の干物を食料としている。雨期の5〜6月頃になると稲の作付けをして、働く機会があればアルバイト的な労働で現金収入を得ている自給自足的な地域である。

したがって魚の養殖ができるのは5月頃からの雨季で、池に雨水が溜まってきたら稚魚を放流し、その水が干上がってなくなる翌年の2月まで、最大でも8カ月間に魚を育てる必要がある。種苗生産を担う中核農家は、雨季がはじまるまでに種苗を生産しておく必要があるので、水利的に有利な場所に位置する農家、あるいは井戸を持っている農家が一つの選定基準になる。

カンボジアのプロジェクト対象地域

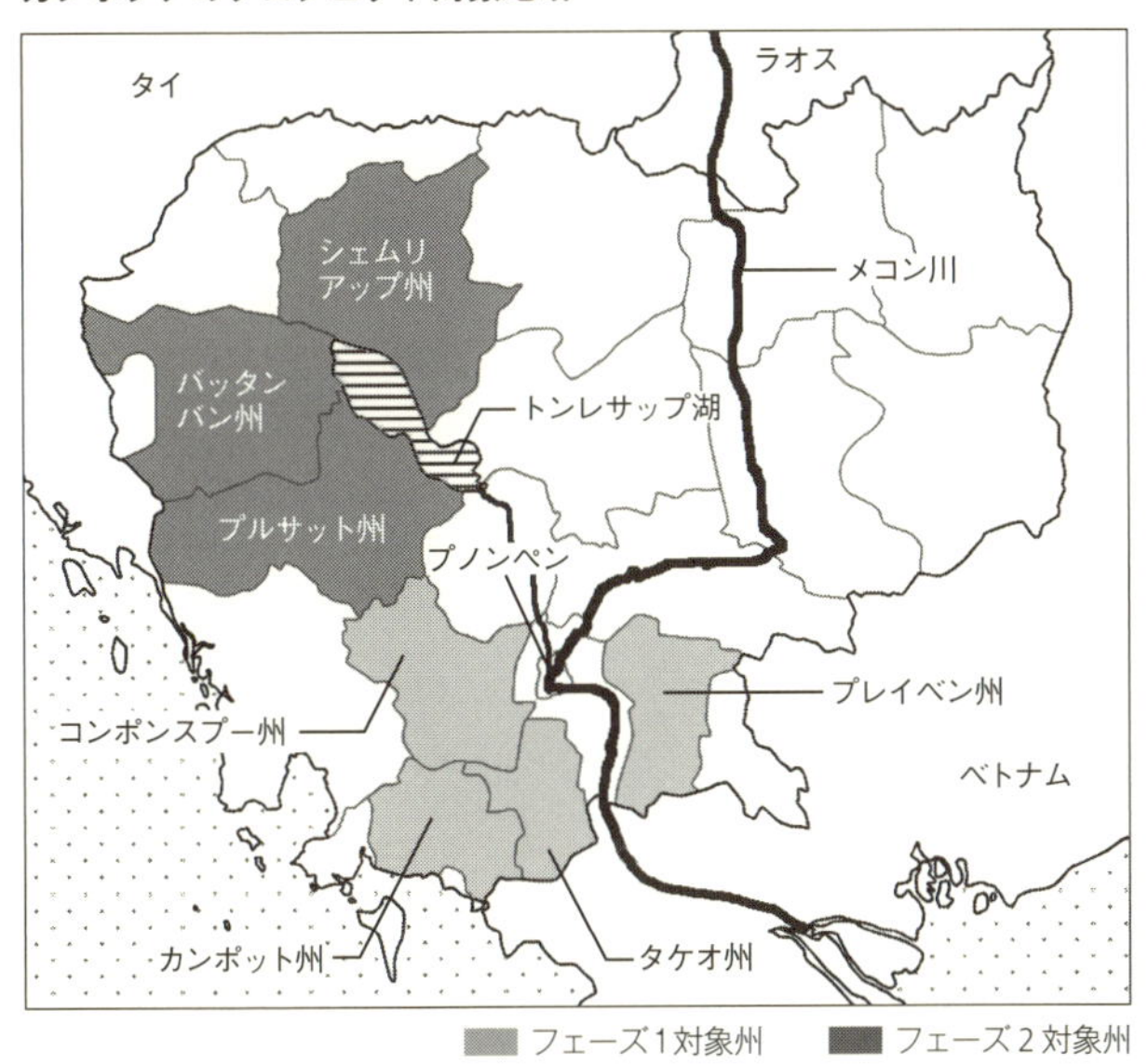

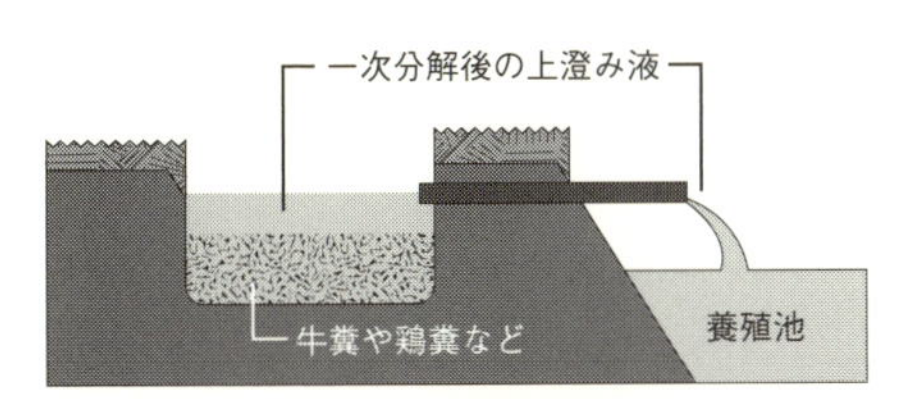

マニュアピットの構造模式図

養殖池の脇に掘られたマニュアピットの実例。

養殖魚種は餌代のかからないコイやハクレンやナマズ

カンボジアのプロジェクトで養殖対象とした魚は、コイ(カープ)、ハクレン、シルバーバーブ、ティラピアである。第4章に出てきたアマゾンの魚と比べると、日本人にも馴染みのある魚ばかりだ。

コイは日本の鯉と同じ種類で、同じコイ科の仲間で中国から移入されたハクレンとカンボジア原産で主にメコン川流域に生息するシルバーバーブ、それにアフリカ原産で世界中で養殖されている淡水魚のティラピアを加えた4種が主なラインナップ。ハクレンは日本でも戦時中に食用魚として移入され、利根川では自然繁殖していることで知られている。

これらの魚種には、養殖魚として共通する優れた生態的特徴がある。わかるだろうか。

答えは、餌代がほとんどかからないことだ。この観点から最も優秀な魚はシルバーバーブとハクレンということになる。前者は植物プランクトンを食べ、後者は動物プランクトンを食べる。養殖池に施肥(せひ)をして水質を富栄養化させ、その栄養分で自然発生するプランクトン類を餌に成長させることができるからだ。

施肥の効果を高めるための「マニュアピット方式」の採用

「施肥(せひ)」とは、植物プランクトンが繁殖するのに必要な栄養分を含む肥料を養殖池に投入することである。具体的には、尿素やリン酸塩など化学肥料のほかに牛糞、鶏糞、豚糞などが用いられる。やり方に多少のノウハウが必要だが、給餌はほとんどおこなわずにすむので、手間はかからず、養殖コストを最低限に抑えることができる。

このときのポイントは、家畜の糞をそのまま養殖池に投げ入れるのではなく、いったん池の脇に掘った

「ピット」と呼ばれる小さな穴に入れ、雨水を溜めて漬け込み、そこで富栄養化した水にしてから養殖池に徐々に流入させるよう工夫することである。私たちはこれを「マニュアピット方式」と呼んでいる。家畜の糞をそのまま養殖池に投入すると、有機物の分解のために池の底の酸素が消費されて無酸素状態となり、魚にとって有害な「腐った水」になってしまう。

コイの仲間は養殖の優等生、味は大地のフレーバー

コイは底生生物を主に食べる雑食性なので、池内にほとんど自然発生するミミズや巻貝類も食べるし、残飯なども食べてくれる。ティラピアは付着藻類が主な餌だが、これも施肥によって池内に自然発生するので、米ぬかや大豆かすなど農業の副産物を補足的に給餌することで養殖が可能になる。要するに対象とした4種は、手間は要らずコストもかからない優れものの養殖対象種というわけだ。だから半分を自給用にして半分を販売するという、農村部での小規模な養殖経営に向いている。

この4種の魚の味はというと、食味的に私はシルバーバーブが好きだが、日本人の同僚からはなかなか支持されていない。ちょっと泥臭いというか、田んぼの香りがするからだ。しかし、香辛料を入れたオイルを付けながら焼き上げた一品は、脂がしっかり乗っていて美味である。まさに雨季の田んぼを彷彿させる、東南アジアの大地のフレーバーである。

限られた予算でのやりくりに悩む

カンボジアの淡水養殖プロジェクトは２００４年から２００９年まで5年間つづけられた。インテムと

しては初めての本格的な技術協力案件を元請け企業として受注したわけだが、予想外というか予想どおりというか、いろいろな壁にぶつかり難行苦行の連続だった。

なかでもしんどかったのは、NGOベースの安いコンサルタントフィーでのやりくりだった。JICAとの契約は、開発コンサルタントとしての業務実施契約ではなく、変則的な業務委託契約だったために、コンサルタントフィーの算定基準が低かったからだ。

限られた予算で現地スタッフや社員にどう前向きに取り組んでもらえるか、会社としても赤字を出さずに収められるかというジレンマだった。社員にとっては、自分が現地に行って働いた分の売上げが昇給や賞与査定の評価指標となるし、とりわけインテムでいう専門職社員は、それが給与に直接反映されるから不満は隠せなかった。報酬のことで仕事のやる気、人間関係に影響が及ぶことを完全には排除できなかったのは、私の不徳と頭を下げるしかなかった。

領収書の習慣のない現地費用の精算が頭痛のタネ

さらに頭痛のタネは、JICAへの支払い請求に必要な膨大な量の証憑(しょうひょう)書類の整理である。領収書などの必要書類が、JICAの求める基準に達していないという理由で何度も何度もやり直しを求められ、それによって支払金の入金が遅れてしまった。このPROTECOというスキームは、ほかのスキームと比べて精算作業が煩雑で、チェックが厳しかった。

海外事業では、現地での支出経費の領収書は当然その都度もらうのだが、開発途上国のなかには、そもそも領収書の発行が慣習化していない国がたくさんあり、いちいち説明して求めても、年月日が読めない、社名や店名がない、明細がない、あっても合計が合っていないなど、そんなことは日常茶飯事である。

加えて、プロジェクト経費として現地のカウンターパートの出張費や機材購入費などは、事務方となる業務調整担当者が前払いして後日、精算するのだが、本人たちの領収書の提出が遅れると月々の全体の締めがどんどん遅れてしまい、そのうち元帳の数字が合わなくなったりもする。

もっとも煩雑だったのは、農民間研修に出席する農民からの領収書の取り付けである。プロジェクトでは、参加者に弁当代と交通費を支払うことにしたが、そのためには一人ひとりから受領のサインをもらう必要がある。簡単なようだが、人数が多いからサインのもらい忘れが頻発し、その取り直しも大変だった。正直、誰もやりたくない類の面倒な仕事である。

私は、JICA直営型プロジェクトの業務調整経験者を抜擢したのだが、JICAが民間コンサルタントに求める必要書類や説明資料は、JICA直営型のプロジェクトのそれと比べると、圧倒的に精度のハードルが高かった。そのことを、私もインテムもよく理解していなかった。そのためJICAから、あれもダメこれもダメと厳しい指摘の嵐で差し戻され、私たちはもうお手上げ状態だった。

私は胃潰瘍という経営者の勲章を授かった

これはJICAが直接実施する直営型（いわゆる官営）と、民間コンサルタント会社が契約で実施する業務実施型あるいは業務委託型（民営）の違いでもある。

どういうことかというと、直営型の場合、JICA企画部が設定した現地業務費基準にもとづき現地事務所中心にチェックしているので、不完全な証憑書類があったりすると、「ここが間違っています。こう書き直してください」などと、具体的にしかもタイムリーに指導してもらえ、スムーズに精算が進む。ところが一括して民間に発注する業務の場合だと、JICA調達部が設定したコンサルタント精算基準にもとづき、本部調達部が横並びでチェックしている。そしてコンサルタント会社は1年分の領収書をまとめて整理、提出するので、「不備です。ガイドラインをよく見てください」と、問題個所にハリネズミの如く付箋が貼られて差し戻されることになる。

これに対処するには、ガイドラインとにらめっこしながら、一つひとつ自助努力で解決しなければならない。ここらあたりの対応は、経験を積んだ中堅企業クラスであれば社内にノウハウもあるだろうし、専門部署も整っているだろうが、当時のインテムにとっては荷が重すぎた。実際、専門の事務員を追加して雇うような資金的な余裕もなかった。

制度上の違いだからしかたがないが、ガイドラインではどうしても基準の解釈に幅があり、どこからが業務経費と認められるかなど大変に悩ましかった。結果的に、第1年次のプロジェクト業務費数千万円の入金は予定より10カ月近く遅れ、最終的には証憑が不備と裁定されたものは、自社負担せざるをえなかった。国のODA予算として国民の税金を使っているのだから当然といえば当然なのだが。この精算業務からインテムは多くのことを学ばせてもらった。私は胃潰瘍という経営者の勲章を授かることになった。現在、このPROTECOの案件はなくなった。

4州で640戸の農家に研修、16人の中核農家を育成

こうした裏方の問題はさておき、プロジェクトは千頭さんのリーダーシップによって計画どおり順調に

推移し、目標以上の成果を上げることができた。

まず、対象の4州からそれぞれ4つの村を選び、16村をプロジェクト地とした。それぞれの村で、技術的な素養があり、人徳があると判断できた農家を選び、種苗を生産する中核農家候補とした。そして、それら候補農家に水産局の施設に集まってもらい、7日間の技術研修を実施した。同時に彼らには、ふ化場開設に必要な技術的な指導をおこない、それに必要な資材を提供して種苗生産施設の建設を支援した。

こうして育成された中核農家の庭先で、一般農家を対象とする2日間の研修を実施した。参加する一般農家は各村40戸、計640戸の農家が研修を受けることになった。研修後、希望するすべての農家に種苗と鍬、ショベル、モッコなどの養殖に必要なアイテムを提供して、養殖の実践に取り組んでもらった。

16人の中核農家はその後、順調に養殖経営をつづけ、タケオ州のキエフサムさん、バンポさんなどはカンボジアで屈指の種苗生産者となった。

プロジェクトマネージャー交代の危機

こうして順調に進んでいた2年目の半ば、ある日突然、千頭さんから「JICAで専門員の募集があり、千歳一隅のチャンスなので受験したい」と相談があった。JICAの「専門員」とは、JICAに所属して特定分野の専門家をライフワークとし、「プロジェクトマネージャーができる上級専門家」と位置づけられている。JICA職員がおこなうコンサルタントの業務管理などで技術的なアドバイスをすることも多い。各分野で適宜募集して配置される。水産分野の枠は2～3人で、過去10年近くは募集がなかった。

国際協力業界では社会的ステータスが高いポジションでもあり、インテムから育っていくのはうれしいことではあるが、ハイそうですかと、二つ返事で送り出すわけにもいかない。プロマネとしての彼の後任者が簡単に見つかるとは思えないからだ。

私はまずは慰留に努めた。しかし、すでに一次試験は合格しているとのことだし、私がリクルートして呼んだとはいえ、社員には転職する権利があるのだから、無理矢理引き留めることはできない。彼は実力があり、合格すればＪＩＣＡで頑張ってもらうほうがいい。しかたない、代わりの人材を探そうと自分を納得させ、また心労の種を背負い込んだ。

ところが、結果的に千頭さんは二次試験で不合格となってしまった。面接官から、「会社の同意は得ているのか」と聞かれて、明確な返事ができなかったのが理由らしい。残念と思うと同時に、ＪＩＣＡも所属先の事情も考えてくれたのかなとも思った。

プロジェクトで育つ人材の「天下り」と次の人材探し

実はこのポスト、この年は適格者なしということで次年度に再募集となり、千頭さんからもう一度挑戦したいとの申し出を受け、今度は同意した。「会社の快諾を得ている」という答弁で、千頭さんはめでたく合格。晴れてＪＩＣＡの専門員に転出した。

これと似たような例はほかにもある。これまでにインテムから水産庁に1人、ＪＩＣＡ専門員にあと1人が転出している。私はこれを密かに「天下り」と呼んでいる。

さて、千頭プロマネが抜けたあとの人事をしなければならない。私自身も候補の1人だが、これまで述べたように、このプロジェクトは利益が出ない案件なので、きちんと売上げを上げることができる私をここに投入するわけにはいかない。そこで業界を見渡した結果、アジアで養殖プロジェクトのリーダーを長くやってきた経歴を持ち、私もいっしょにインドネシアで調査業務をしたことがある貫山義徹さんに要請することにした。

さっそく本案件の特殊性と報酬面について、正直に話してお願いした。そして、貫山さんとインドネシアの淡水養殖プロジェクトなどでいっしょに現場仕事をしたことがある、インテムの中堅社員の丹羽幸泰さん、第4章でパナマにマグロの案件で行ってもらったことがある彼を、副総括として配置して補佐することで了解してもらった。これでなんとか難局を乗り切ることができた。

5年間で8500戸の養殖農家を育ててフェーズ2へ

2年目、3年目も同様の方法で4州16の村を新たに選定して、中核農家を育成するとともに、その中核農家の庭先で農民間研修をおこなう活動を繰り返した。1年目に育成した中核農家は、2年目にも再度新規の一般農家を対象に農民間研修をやってもらった。このようにして毎年1000戸以上の農家が新規に養殖を開始し、徐々に養殖生産の底辺が広がりはじめた。最終的に5年間で中核農家48戸を育て、養殖を開始した一般養殖農家は約8500戸となった。

このように会社経営面での苦労や人事面での心労はあったが、農民間研修による養殖技術の普及は、地域に大きな新しい運動の波を起こすことができた。これにより人々の生計向上にも大きく寄与することができ、カンボジアの再興に貢献することができた。これは私たち日本人専門家の力と同時に、カンボジア側カウンターパートの頑張りが大きかったと評価しなければならない。彼らと熱い議論を重ね、中核農家や一般農家のプロジェクトサイトをこまめに回り、丁寧な指導を繰り返した努力の成果である。

このプロジェクトは2008年度にいったん終了したが、2年半後に、この成果を踏まえて対象地域をさらに広げた「プロジェクトフェーズ2（2011～2015年）」が実施されることになった。

フェーズ2は、NGOボランティア的プロジェクトから、通常の業務実施型のコンサルタント案件として競争入札がおこなわれた。もちろんインテムはフェーズ1の成果を旗艦に掲げて、副総括を務めた丹羽さんをプロジェクトマネージャーとした新体制で応札し、受注することができた。

フェーズ2はより環境、社会条件の厳しいカンボジア北部のトンレサップ湖周辺の3州、バッタンバン、プルサット、シェムリアップを対象としている。高い貧困率で農業生産性も低く、養殖ポテンシャルが相対的に劣る地域において培ったノウハウで、農民間普及の原理原則がどの程度通用するのかチャレンジングなプロジェクトであったが、ここでも3000戸超の小規模養殖農家を育成することに成功した。

フェーズ2は、通常のコンサルタント業務と同じレベルの儲けが出るスキームで実施されたことで、インテムの社業発展の一助ともなった。


種苗100万尾生産の中核農家と家族みんなで世話をする一般農家

プレイベン州クレス村のヨンさん（42歳）は、2007年に選ばれた中核農家。水田稲作と魚養殖の兼業をしていたが、近所の友人がプロジェクトに参加して養殖をはじめたのを見て興味をもち、2006年に養殖の基礎研修に参加。元学校の先生だったので、養殖をみんなに教えて稚魚を提供する中核農家を志望した。

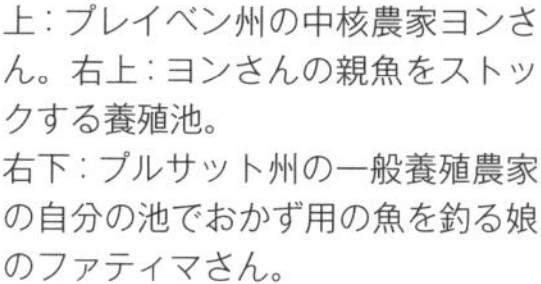

上：プレイベン州の中核農家ヨンさん。右上：ヨンさんの親魚をストックする養殖池。
右下：プルサット州の一般養殖農家の自分の池でおかず用の魚を釣る娘のファティマさん。

産卵・ふ化施設と17面の育成用の養殖池、150坪ほどの親魚用の池を造成し、シルバーバーブ、ハクレン、ティラピアなどを飼育している。2007年に種苗生産に初挑戦し、シルバーバーブとティラピアの稚魚を27万尾生産。以降も生産を伸ばし、2009年には100万尾を生産するまでになった。ヨンさんの施設には種苗を購入する農民がたくさん訪れている。

フェーズ2のプルサット州ロリープ村のサンさん（48歳）は、2012年に養殖研修に参加した一般農家。プロジェクトで導入した「Food for Work」の支援で5カ月かけて約50坪、深さ1.5メートルの池を家の裏に掘削。雨季に水を溜め、600尾のティラピア、シルバーバーブを放流。米ぬかなどの餌やり、ピットに牛糞を漬けてパイプで池に施肥する飼育の世話は娘のファティマさん（19歳）の仕事で、放流後3〜4カ月で150〜200グラムに成長した魚を、家族や親戚に配って食べている。町の市場までは遠く、これまで鮮魚を食べられなかったのでとてもうれしいと語っている。

Food for Workとは、国連の世界食糧計画（ＷＦＰ）が実施していたプログラムで、道路や灌漑水路など公共事業への参加者に、対価として食糧を配給する貧困層への支援制度。プロジェクトではこれを応用して、養殖池を掘削した農家に大きさに応じた米を配給する活動もおこなった。

「共有池管理」モデル事業は私が専門家として担当

カンボジアの「淡水養殖改善・普及計画フェーズ１」の組織体制について改めて説明すると、業務発注者はＪＩＣＡ、業務受注者（業務委託先）はインテム、インテムの事業責任者は私、現地で活動を指揮するプロジェクトマネージャー（プロマネ）が千頭さん（のちに貫山さん）となる。この下に養殖技術、研修、農家の社会経済調査、共有池管理、業務調整などの専門家が配置されてプロジェクト全体が推進された。

このなかの「共有池管理」というユニークなコンポーネントは、私が担当した活動である。つまり私は、会社代表で事業の総責任者であると当時に、プロジェクトの現場では千頭リーダーの配下に入る専門家の１人でもあった。

このようにフェーズ１で私は、千頭さんや貫山さん、丹羽さんたちの活動を後方支援するかたちでカンボジア政府のカウンターパートとの折衝、人間関係や経費支出を含むさまざまな調整弁として運営管理をおこない、同時に専門家の１人として、現地政府から強い要請があったコミュニティベースでの共有池管理の活動を推進したのである。そこで、この聞きなれない共有池管理の活動について説明する。活動場所は、養殖の普及で対象としたカンボジア南部の４州で、同じ地域である。

日本の里山のようなカンボジアの村で「おかず漁業」

この地域はメコン川流域の低湿地帯とは違い、低い丘陵地がつづき、乾季にはカラカラに乾燥する一方、雨季（6～11月）には大量の雨が降り、田んぼは自然冠水する。雨季のこの水田や小川のあちこちでは、小魚やエビ、カニ、カエルがたくさん獲れ、地域の人々の重要なタンパク源になる。夕暮れどき、田んぼの水路で小さなザルや網で小魚を追いかける子どもや女性の姿は、かつて日本でもおなじみの「ウサギ追いしかの山　コブナ釣りしかの川」の世界である。こうした里山における本格的ではない漁業を、私は「おかず漁業」と呼んでいる。おかずの一品として食卓に並ぶ、ささやかな家族漁業である。

しかし、おかず漁業もひとたび大がかりに、本格的にやれば問題となる。乾季に田んぼや小川が干上がって水がなくなると、魚は水のある場所へ一時避難して雨季のくるのを待つ。そのため水位が下がりはじめると、魚は水のある限られた場所へ追い詰められるように集まる。このとき捕獲を目的にうまく誘導すれば、一カ所で魚を一網打尽にできる。しかし、このやり方ではやがて資源は枯渇する。持続可能な魚の利用ではなく、絶滅の危険すらある。そこで、この魚たちを守るシステムが提案された。

おかず漁業の持続可能な利用のための「共有池管理」

プロジェクトでは、乾季に魚が避難する場所を探して保護区として、そこに集まった魚は獲らないというルールを設け、住民参加型で資源を管理する方式を提唱した。これが「共有池」である。

田んぼに隣接する魚の保護水面という考え方は、私たちのオリジナルというわけではない。プロジェクトがはじまる数年前に、カンボジア水産局とアジア工科大学が「魚の避難池」という概念として提唱し、試験的な活動をしていた。カンボジア水産局からの要請は、その活動を継続、発展させて、地域住民に動物タンパク源の供給を図ってほしいというものだった。

このプロジェクトで重要なのは、住民にルールを理解してもらい、賛成してもらうことである。そのため、住民には繰り返し何度も説明会を開催した。そこで魚の生態にもとづく管理ルールを納得してもらい、住民自身による自主管理体制を組織した。共有池には標識を立て、保護水面であることを明示した。

魚道を整備してナマズ、ライギョ、トゲウナギなどを放流する

池の大きさは、コミュニティ(村)で管理しやすいサイズとし、小さいものでは1ヘクタール以下、通常は数ヘクタールの規模のものを探した。なかには80ヘクタールという大きなものもあったが、この場合は池の一部だけを保護区とした。

雨期がはじまると、魚はこの共有池から田んぼや水路など冠水した場所へ出ていき、乾季になると再び池に戻ってこられるように魚道を整備した。これらの活動は、すべて住民の自主的な参加でおこなわれる。といってもすべて手弁当というわけにもいかず、食事代程度は提供した。ちょっとした公共事業のようでもあり、また、実に草の根NGO的な活動でもある。

こうして魚道の整備まで順調に進んだら、次は魚を放流する。放流する魚は、田んぼなどの浅い水環境に生息するナマズ、ライギョ、トゲウナギなどの親魚である。別途、天然から漁獲されたものをプロジェクトで調達してきて、住民が見守るなかで放流式をおこなった。大げさな儀式みたいだが、こうすることで共有池の役割の重要性をわかってもらうという狙いでもあった。

しかし、共有池管理のコンポーネントは、活動とその成果を定量的に結びつけて評価するのはむずかしい。一般に魚の資源管理系プロジェクトでは、導入した施策がどこまで生産量の増加に寄与したかの明確な線引きがむずかしく、同じ悩みを抱えている。地元住民などへのインタビュー調査の結果からは、整備コストに見合う社会経済的なベネフィットがあったと試算はされるとしても、どうしても「本当かな」と突っ込まれる。

魚がほんとうに魚道を登れるのか、寝ずの番で見張る

そこで千頭さんから、とにかく共有池の魚が魚道を通って往き来することだけでも調べてくれとお達しがあった。魚の専門家のあいだでは、雨が降って水が土手から池に流入するようになれば、ライギョやナマズが上流つまり土手側へ「這い登る」ことは知られている。だったら、これを実証してほしいというのだ。やらないわけにはいかない。

通常こうした魚の生態行動は、鳥などの外敵を避けるため夜間におこなわれる。とはいえ、私は『ナショナルジオグラフィック』のカメラマンではないので、夜中に何日も魚道を見張るなどということは御免被りたい。そこで一晩だけやってみることにした。共有池に隣接する小屋で寝ずの番で見張るのである。

雨季とはいえ、毎晩雨が降るとはかぎらないから、あらかじめ共有池につながる田んぼに雨水を溜めておいて、夜になったら魚道へ流すことにした。雨季の自然環境を再現するわけだ。

仕掛けた私自身も半信半疑だったが、この作戦は見事に当たったのである。泊まり込み体制で見張った夜の10時過ぎ、魚道を見回りにいったスタッフから大歓声が上がった。「それっ」と行って見ると、魚が池

小屋で寝ずの番で見張った左から打木さん、
筆者、現地のカウンターパート。

魚が魚道を遡上するかを観察するため泊まり込
んだ共有池に隣接する小屋。

魚の養殖普及のために製作、配布した
研修マニュアルの表紙のイラスト。

養殖の代表種シルバーバーブのから揚げ料理。

僧侶が立ち会い、地元の人々が集まって
共有池に親魚を放つ放流式。

騎士位勲章の授与式で。
ナオトク水産局長から筆者に贈呈される。

中核農家で実施した一般養殖農家のための農民間研修。上の写真は農民どうしが質疑応答や意見交換、さらに交流を深めているようす。左の写真で講師を務めているのは地元の養殖普及員（ローカルカウンターパート）。

から田んぼにつながる魚道に、あるものはジャンプし、あるものは這い登り、必死に登っていったのだ。落差20センチほどの段差部を、こんなものへっちゃらだとばかりに勢いよく、魚は次から次へと泳ぎ登っていった。私は感激で目頭が熱くなった。

博士号の重さは開発途上国でも同じ、あるいはそれ以上

そんなこんなで、この共有池のコンポーネントはカンボジア側からも高い評価を得て、プロジェクトに花を添えることができた。共有池管理の考え方や成果については、当時のカンボジア政府水産局のナオトク局長が、本プロジェクトを含むこれまでの共有池管理にかかる行政の取り組みと成果を包括して論文にまとめ、博士号を取得している。

ついでに、学位について触れておこう。専門家や開発コンサルタントとして仕事をしていくうえで「学位」の有無は軽視できない。これは経験者にしかわからないことかもしないが、メンタルな部分で余裕が生まれるのが最大の効能だとも感じている。なんといっても「博士」であるわけで、ほんの一瞬であったとしても、その分野ではいちばんの高見に立ったという自信だろうか。

大学側から見ても学士、修士のレベルだと「うん、まあいいんじゃない」という論文審査も、博士となると真剣勝負で徹底的に議論が闘わされ、精査される。その産みの苦しみを味わうからこそ、その後の地平が拓けてくるのである。だからといって博士号を持っている人がみんな優れているというわけではないだろうし、また持っていなくても優秀な人はたくさんいるので、あくまでも一般論である。

博士号は開発途上国の人たちにとっても同じ、あるいはそれ以上に重みをもっている。そして、博士号

の取得に協力してくれた大学とは、その後もずっと関係がつづくのがふつうだ。だから日本の大学で博士号を取得してもらうことは、我が国との良好な関係を構築するうえで重要なファクターになると私は考えている。

博士めざしてカウンターパートを東京海洋大に送る

カンボジアのプロジェクトでは、当時カンボジア側のプロジェクトマネージャーだった水産局養殖部長のビセスさんに、日本で博士号にチャレンジしないかと勧めたところ、前向きの返事だった。まだ30代半ばと若く、ベルギーで修士を取っており、専門分野も私と同じ魚類学だった。彼を日本へ留学させて博士を取得してもらえば、中長期的に日本との友好関係が期待できる。私といっしょに共有池管理の活動に従事していたので、その成果を2008年にベトナムのハノイで開催された第4回アジア湿地シンポジウムで発表するなど、プロジェクトの広報とともに学位取得に向けた地ならしも進めてきた。

指導教官は、私の母校の東京海洋大学（旧東水大）の魚類学研究室の教授となっていた河野先生にお願いした。JICAでも、将来性のある人材と認めて奨学金を出してくれ、晴れて日本留学となった。私は学位留学の申請書作成や論文のテーマを決めて下書きを手伝うなど、縁の下の力持ちをやらせてもらった。

真面目で優秀なビセスさんは3年間で学位を取得し、再びカンボジアの水産局に戻り、2018年4月現在、カンボジア水産総局副総局長と重要なポストに就いている。今後、カンボジア水産分野における日本の窓口として活躍してくれるはずだ。

フンセン首相から「騎士位」勲章を授与される

このように2005〜2008年の「淡水養殖改善・普及計画」および「共有池管理」活動は、カンボジア政府から高く評価され、2008年12月、プロマネの千頭さんと私は、「騎士位勲章」を受賞した。表彰状は建国の立役者フンセン首相のサイン入りだった。私の場合、その後におまけが付いて、日本技術士会の水産部会が、海外での功績を評価してくれて、日本技術士会会長表彰をしてくれた。2010年6月のことだったが、海外出張中で残念ながら表彰式には出席できなかった。

「儲けが出る」新規技術協力プロジェクトへのチャレンジ

カンボジアプロジェクトは儲けが少ないのを承知で、気取っていえば「情熱」でやっていたので、私自身は儲けを確保するため、これまでどおり合間、合間に単独型の案件を受注して利益の足しにしてきた。多くは単発型の評価調査案件で、カンボジアの期間中にはチュニジア、ラオス、メキシコ、セントルシア、ギニア、インドネシア、マレーシアなどで働いてきた。

JICAの評価調査以外では、国際協力銀行（JBIC）の「ベトナム・農村地域生産活動多様化支援小規模インフラ整備事業に関わる発掘型案件形成調査」に2005年に3回出張している。しかし、これでは相変わらずの自転車操業となるので、次なる「儲けが出る」数年単位のプロジェクトを模索した。

インテムとしては、たとえ草の根スキームとはいえ、技術協力プロジェクトを元請けで実施した実績は大きく、その勢いを駆って、当時、JICAから公示された本格的な養殖案件の入札には果敢に挑戦した。その一つが中部アフリカのマラウィの養殖開発調査、もう一つがフィリピンのミルクフィッシュ養殖計画で、両方とも私自身をプロジェクトマネージャーに据えて、3週間みっちり使ってプロポーザルを作成する頑張りだったのだが、残念ながら相次いで競争入札に敗退し、途方に暮れることとなった。

とくにフィリピンは私の牙城と自負していたところで、事前に現地調査までやってプロポーザル作りに臨んだのに、ビジネスとなると簡単には勝たせてもらえなかった。振り返ってみて、この時点で私の業務経験は、ＪＩＣＡ専門家を3回やったとはいえ、コンサルタントとしては評価案件など単独単発型が多く、プロジェクトマネージャーといったプロジェクトの管理職ポストの経験がなかったことが一因だろうと痛感した。

アジアからアフリカへ、新たな予感

ビジネスとしてのコンサルタント業務に食い込み、受注していくには、インテムのような実績のない会社にはハードルが高い競争社会である。とりわけ案件数がそもそも少ない水産分野では、一つ負けると、次の勝負チャンスまで半年とか1年の空白期間を耐え忍ばざるをえず、その間は、また単独型案件で食いつなぐのかと考えると、気が滅入ってしまう。

だが、そんななか、次なる転機が訪れた。アジア戦線で連敗したインテムに、遠くアフリカから「打って出てはどうか」とささやく声が聞こえてきたのである。すでに50歳。なにか新たな予感がした。

第六章　ベナンでの養殖プロジェクトへの参画

「アジアの民」を自任する私がまさかアフリカへ

フィリピンのプロポーザル競争に敗退し、初心に帰って「なんでもやるしかない」と覚悟していたところに飛び込んできた情報は、西アフリカのベナンという小さな国で、当時、業界で流行りの村落開発にからめた、内水面養殖のマスタープラン策定調査がおこなわれるというものだった。「アジアの民」を自任していた私は、アジア各国での思い出を胸に人生を終えるのかなと思っていたので、まさかこれから、50歳になってアフリカで本格的に仕事をするようになるとは予想もしていなかった。しかし、人生はわからないものである。

日本の水産業の重要なパートナーとしての西アフリカ

アフリカ大陸の西側、北は地中海の西端のモロッコからモーリタニア、セネガル、ガンビア、ギニアとつづく西アフリカの沖合は、古くから良好な漁場として知られてきた。現在もタコやタチウオなど多くの魚介類が漁獲され、日本にも輸出されている。しばしば、モーリタニアのタコ漁がテレビで紹介され、日本のたこ焼きを支えていると報じられているので知っている人もいるだろう。スーパーで売られている冷凍のタチウオの多くも、原産地はセネガルとなっているのでよく見てほしい。

実はこれまで、この地域の漁場開発には日本の遠洋漁船が大きく貢献してきた。1970年代後半から、200カイリの排他的経済水域の設定が進むなかで、日本の遠洋漁業は各国と個別に入漁協定を結んで活動をつづけてきた。その入漁交渉における一つの交渉材料あるいは見返りとして、経済協力、例えば水揚げ場や魚市場などのインフラ整備関連の無償資金協力が数多く実施された。水産資源調査用の調査船の供与もおこなわれた。これらが、いわゆる「水産無償資金協力（水産無償）」である。

水産無償は、開発途上国が自国沿岸海域の漁業資源の排他的利用を強く主張しはじめたころから、これらの国の要請に応じて、日本との友好協力関係を発展させる目的で1973年に創設された。設立当時は、漁船や機材などの支援が中心だったが、その後、バブル期の予算の拡大もあってインフラ整備に重点がおかれ、相手国政府との交渉材料として、日本の漁業活動の支援にも寄与する援助と認識されている。

水産無償は、国際的な漁業協定や交渉事項において、日本と同じような考え方に立つ国々で優先的に実施されている。西アフリカ諸国はその重要なパートナーとなってきた。

アジアの成功例をアフリカに

これまでアフリカにおける漁業関係ODAプロジェクトに関して、私は自分の専門の養殖とは違うこともあって、「指をくわえて」横目で見ていた。いや、アジアの英語圏でとりあえず仕事があったため、それほど興味をそそられなかった。西アフリカの多くはフランス語圏であり、いまさらフランス語を勉強してアフリカまで遠征する気にはなれなかったのだ。だが、そうは言っていられない状況が迫っていた。背に

ベナンのプロジェクトサイト図

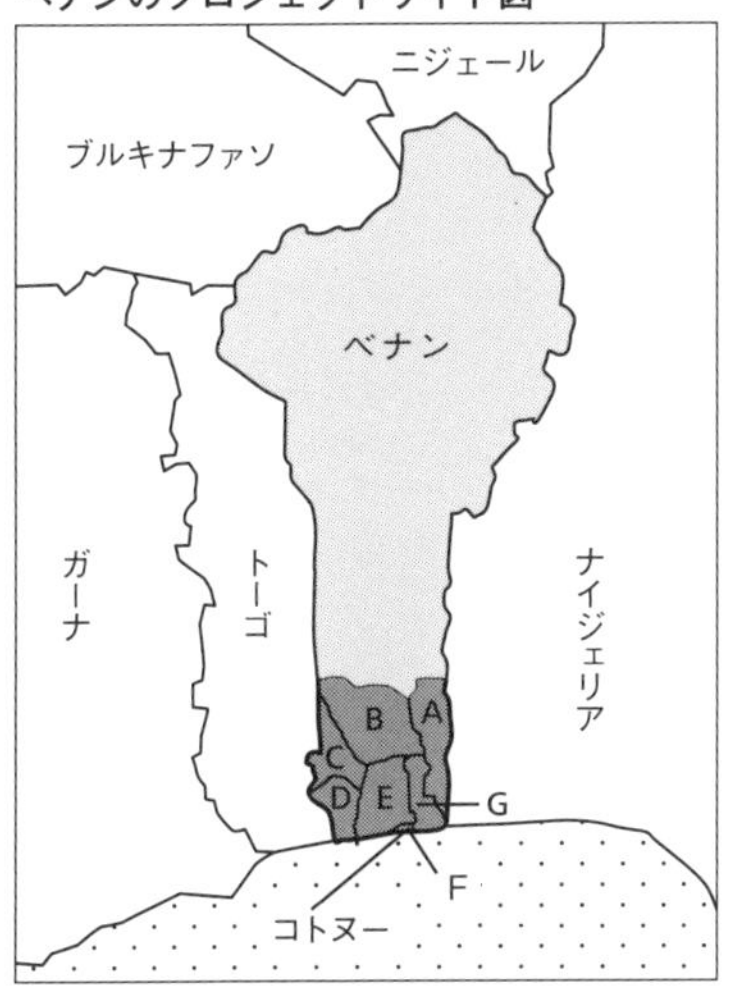

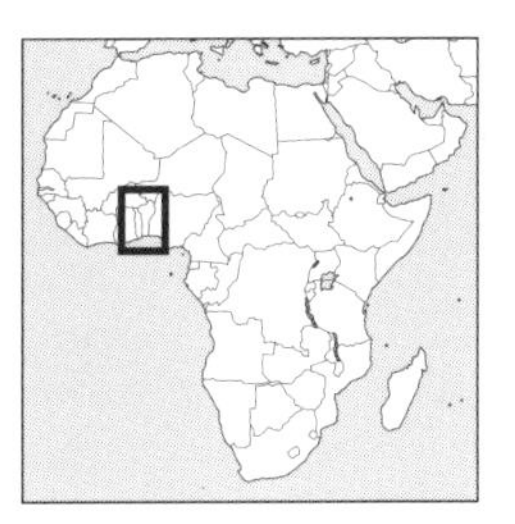

A：プラトー県
B：ズー県
C：クフォ県
D：モノ県
E：アトランティック県
F：リトラル県
G：ウエメ県

中核養殖家のための研修修了式。賞状を持っているのが中核養殖家で、前列中央はラドワンさん。左端が筆者。

腹は代えられない事態だったのだ。

そんな私の事情とは別に、当時のドナー各国（機関）のアフリカにおける農業や水産分野のプロジェクトのなかには、芳しい成果をあげてないものが多かった。そこで、「アジアの成功例をアフリカに適用できないか」という議論が、業界で盛んにおこなわれていた。プロジェクト要員に、アジアで成果をあげた実績のある専門家を入れるべきだと主張する人もいて、そんな風が吹いていた。


西アフリカ、ギニア湾に面した人口１１００万人弱の国ベナン

それまでにベナンでも、西アフリカ地域の漁業支援の流れのなかで漁港建設などの水産無償がおこなわれていて、それなりの成果を収めてきた。しかし、わずか１２０キロの海岸線しかない国では海洋漁業資源の将来は限られていて、内陸部に広がる国土地勢を考えれば、今後は内水面養殖に期待がもてるという話だった。この時点では私はまだ蚊帳の外で、他人事だった。そもそもベナンと言われても、どこにあるのかさえ知らなかった。

ベナンはアフリカ大陸の西岸に位置し、東をナイジェリア、北の内陸をニジェールとブルキナファソ、西をトーゴに囲まれ、ギニア湾に面した面積11万２６２０平方キロ（日本の約3分の1）の共和国である。公用語はフランス語で、人口は１１００万人弱。首都はポルトノボだが、最大都市コトヌーが政治、経済の中心で、人口はギニア湾岸の南部平野部に集中している。

内水面養殖がメーンのプロジェクトなら、カンボジアで名を上げたインテムに勝機はあるかもとは思った。しかし、まったく知らない国のプロポーザルを一から書いても玉砕する可能性が高いことは、先のマラウィの養殖開発計画への挑戦で学んだことだ。だからプロジェクトに入り込めるとすれば、どこか実績のある会社に主導してもらい、インテムはそこに協力させてもらう形しかない、私はそう考えた。

「う～ん、行きたくねえ」が10年間のベナン通いの幕開けに

通常、JICAの数年単位の大型プロジェクトになると、1社単独ですべての専門家を揃えるのはむずかしく、複数のコンサルタント会社で共同企業体（JV）を結成して応札する。そのためJVを組んでくれそうな会社と水面下で下交渉するのだが、この案件では、幸いにもこの地域でいちばん実績があるOAFIC（オアフィック）社とタッグを組むことで話がまとまった。といっても、ほとんどオアフィック主導のプロポーザルに相乗りさせてもらっての応札だった。

話はとんとん拍子に進み、無事に受注することができた。JVといっても実質はインテムからは私1人の参加なので、威張れた話ではなかった。

ここで無事に受注したと述べたが、それはあくまでもインテムという会社の経営者としての表向きの見解であって、派遣される専門家の私としては、「う～ん、行きたくねえ」が本音だった。なんで50のこの歳になって、言葉もわからない西アフリカまで行かなきゃならないのか、だった。

そのときの心境をある業界誌への寄稿文で、私は「まさに屠殺場に引きずられていく牛の心境でした」と綴った。そして最後はあきらめ気分で、「いずれアジア戦線に復帰するぞ、2年間の辛抱だ」と自分に言い聞かせた。

ところがどっこい、それが10年以上にわたるベナン通いの幕開けとなるとは、「うれしい」誤算だった。

ティラピアやナマズの養殖開発調査（ＰＡＣＯＤＥＲ）がスタート

私にとってアフリカで初の記念すべき本格プロジェクトが、２００７〜２００９年の2年間の「ベナン国内水面養殖振興による村落開発計画調査（ＰＡＣＯＤＥＲ）」である。

ＰＡＣＯＤＥＲは、現地での総合的な養殖可能性調査をおこなうとともに、パイロットプロジェクトと呼ぶフィールド試験的な活動もおこない、その結果にもとづいて、ベナンでの養殖と村落開発に関する将来計画を立案するというものである。私は内水面養殖の専門家として、国内全域の養殖ポテンシャルを検討するとともに、ティラピアやナマズといった淡水魚の養殖手法に関するパイロットプロジェクトを現地の養殖家と協力して実施することになった。

といっても当時、私はこの分野の現場での実務経験はほとんどなく、カンボジアで蓄積してきた知見を総動員して、見様見真似で凌ぐしかなかった。前に述べたように、カンボジアでは養殖技術の移転でも普及でもない、共有池管理という付属的な活動に携わっていたわけだから。

ＪＩＣＡからの要請は養殖の振興より村落開発に軸足が置かれていて、期待されている将来計画の提案は、農業をベースに畜産もやり、その副産物の糞尿で養殖池の生産性を上げ、それによって貧しい農家の生計向上と栄養改善をめざすというロジックだった。その意味からは、内陸部の農村の自然環境をうまく利用して生産性を上げようという粗放的な養殖は、ＪＩＣＡの援助イメージに合致するものだった。

東南アジアにはこういった理想形の篤農家がいないわけではない。しかし、実際には農業、畜産、養殖のどれ一つとってもそれぞれ取り組みがむずかしいのに、3点セットでうまく歯車が噛み合うように運営管理していくのは並大抵ではない。高度な技術と人材、資金が必要だ。

絵に描いた餅を追い求めた浅はかな失敗

こうした認識を持ちながら、ところがこのとき私は浅はかにも、どう間違えたのか、この絵に描いた餅を追い求めるようなパイロットプロジェクトをデザインして、現地の農畜水産省水産局のカウンターパートに説明し、実施するという過ちを犯してしまった。

当時ベナンでおこなわれていた養殖形態は、ティラピアを対象に、オスとメスを分離することなく同じ池で飼育し、餌には品質の劣化した魚粉、トウモロコシ粕（身を取った後の芯の部分の粉末）、米ぬか、麦ふすま、それに貝殻の粉末などを混ぜただけの粉餌を与えていた。貝殻が入っているのは養鶏の餌の組成を単純に模倣したためらしい。ひどい養殖場ではオレンジの皮とか、残飯とか、なんでもかんでも投入していた。私は目が点になってしまった。

そこでまず、カンボジアで成功した実績にもとづき、「無給餌養殖」を提案した。ティラピアはプランクトン食性で藻類を食べるはずだから、給餌をせずに、施肥だけでも十分に成長するはずだと考えたのだ。実際、文献にもそれらしきことが書かれていた。そこで、カンボジアで実施した「マニュアピット方式」の施肥に着目して、カウンターパートらに対し次のように説明した。

養殖池のそばにピットと呼ぶ施肥を入れる穴を掘り、水を溜める。そこに牛糞や鶏糞を入れて発酵させ、その上澄みが池に流れ込むようにして、施肥をする。養殖池内では、その栄養分を吸収して植物プランクトンが繁殖し、ティラピアの餌となる。養殖池用の施肥には家畜の排せつ物がよく使用されるが、直接投入すると固形分が池の底に溜まって腐敗し、水質の悪化につながるので、いったんピットに溜めてから、上澄みの水溶成分だけを養殖池に流入するよう工夫した点がポイントである。

面目丸つぶれのとなったカンボジア方式導入の問題点

ところが、結果はうまくいかなかった。いや、失敗と言ってもよい。日本語でいえば肥溜め方式のマニュアピットは、思うような、目に見える効果を上げてくれなかった。注目して協力してくれた現地カウンターパートのチャンゴさんやレオンさんらには、面目丸つぶれとなった。問題点はこうだ。

魚種：　カンボジアの対象種は主にプランクトン食性のコイ科魚類で、もともと施肥効果が高く、有効だった。それに対してベナンでは、ティラピアが対象種で、その食性は付着した藻類を食み取っていて、植物プランクトンを鰓でろ過して食べているわけではなかった。しかし弁明させてもらえば、日本の霞ケ浦で実証されたという網生け簀での本種の無給餌養殖試験では、販売サイズまで成長させることに成功したと報告されていたのである。

池の構造：　小さくて浅い池（200～300平方メートル、水深60センチ程度）で、施肥だけで飼育しようとしたことに無理があった。このような小さい池の水質のコントロールは技術的にむずかしかったのだ。まして、メスとオスをいっしょに飼育するため、池の中でティラピアはどんどん卵を産んで繁殖してしまい、大型の食用サイズにまで成長しなかった。

家畜糞：　施肥の材料となる家畜の糞が限られていた。カンボジアでは農耕用に牛が使われていて、牛糞は牛舎にいくらでもあったが、ベナンでは牛は放牧されていて、糞は野外で拾うしかなかった。それを集めても、カラカラに乾燥した牛糞では施肥の効果が低かった。また、鶏糞は施肥の効果は高いが、ベナンでは農業用に肥料として売買されているため、買って使うとなると経費倒れとなる。養豚との組み合わせで少し成果が上がったところもあったが、その方式が採用できるサイトはごく限られていた。

保水性：　マニュアピットを稼働させるためには降雨がピットに溜まることが必要だが、土壌の保水性が低く、うまく雨水を導入することができなかった。

意欲：　人々のメンタリティがカンボジアと違って低かった。カンボジアではもともと自給用タンパク源として魚の養殖に取り組み、余った分を販売するという位置づけだったが、ベナンでは、売って儲かることを第一義に期待されていたから、粗放的で自給用の裏庭養殖みたいな話では農家の生産意欲が湧かず、農民のノリが悪かった。

結論として、こうした施肥だけに頼る粗放的なティラピア養殖は技術的にうまくいかないばかりか、現地の人々のマインドからも普及しそうもないことがよく理解できた。やはり、餌にコストをかけた給餌による養殖方式を採用すべきで、また、池内でどんどん自然繁殖するティラピアの雌雄混合飼育は改めるべきだ。そういう結論になった。技術的な敗北宣言と言ってよかった。

ベナン向きに改良した農民間普及アプローチ

ＰＡＣＯＤＥＲ（２００７～２００９年）での施肥による養殖の実証試験の結果はこのように散々だったが、一方、それと同時並行で実施した、カンボジア方式の「農民間普及アプローチ」は大きな手応えがあった。カンボジアでは「農民間研修」と呼んでいたが、その後、内容により広い意味を持たせた「農民間普及アプローチ」と呼ぶようになっていた。

ベナンでも養殖を普及させようというプロジェクトは、これまでにもいくつかあった。典型的なものは「養殖センター」を建設して、飼育実験をおこなって技術開発するとともに、センターで集団研修をおこなって技術を普及していこうというプログラムがあった。その結果は、カンボジアで見たのと同じく、大型餌製造機を含む供与施設や機材の「白い巨象」化だった。また別のプロジェクトでは、援助機関が指導した養鶏とティラピア養殖の組み合わせによる有機生産システムが効果的とされたが、援助が終了してドナーが引き揚げると、誰も継続することなく元の木阿弥となった。

そこでカンボジアで成功した農民間普及アプローチを導入して、ようすを見てみることにした。アフリカで機能するのか確たる自信があったわけではないが、パイロットプロジェクトの一つとして試してみた。考え方はカンボジア方式にならったとはいえ、アフリカの地で一からはじめるわけで、実際にはなにもかも手探り状態だった。救いとなったのは、現地のカウンターパートがすでに養殖センター方式などの援助失敗例で学んでいたせいか、なにかピーンと共感するところがあったのか、この方式に熱心に協力してくれたことだ。

PACODERは、技術協力プロジェクトのなかでも「開発調査」とされるスキームで、調査は全国を対象としていた。計画を立てるために試験的におこなうパイロットプロジェクトのサイトも全国に散らばっていたが、農民間普及アプローチには日常的なサイト訪問が必要となるので、現地事務所のあるコトヌーから日帰りできるところ、車で片道1時間半以内の範囲で「中核養殖家」を探すことにした。カンボジアでは中核農家と呼んだが、ベナンではフランス語との整合性から中核養殖家とした。

具体的にはコトヌーの西35キロのアトランティック県トリボシトと、東へ45キロのウエメ県アブランクで、ティラピア養殖とナマズ養殖の中核養殖家を1人ずつ選んだ。トゼさんとドミニクさんだ。トリボシトは人口約6万人、アブランクは約8万人の町というか、日本的な感覚では郡のようなところだ。住民の家と家の間は農地や自然植生の草原で、かなり離れている。ベナンの南部地域一帯は地下水位が浅いことで知られており、あちこちに湿地帯も見られる。

農民間普及アプローチの具体的プログラム

ベナンの農民間普及アプローチは、具体的には次のように実施した。

①中核養殖家の候補者を選定し、訓練する。パイロットプロジェクトで時間が限られているので簡単な座学とする。
②水産局のカウンターパートや農畜水産省の地方技術普及員をまじえて研修カリキュラムを作成する。
③小規模な研修小屋を建設する。
④研修生となる一般養殖家を募集する。
⑤カンボジア方式と同じ農民間研修プログラム（中核養殖家→一般養殖家）を実施する。実習も組み入れたので日数は3日間とした。
⑥研修結果を踏まえて、種苗と餌を一般養殖家に提供し、養殖に取り組む。
⑦研修後のモニタリングと巡回指導を実施する。

これをパイロットプロジェクトとして、1年ちょっとの間に2人の中核養殖家によって、一般養殖家の研修をそれぞれ5回実施した。1回20人ほどの参加があったので、合計で約200人規模の研修となった。

これまでの欧米系のドナーの場合は、養殖をはじめようとする人たちに簡単な説明後、種苗や餌を無償で配布することが多かったが、PACODERでは、初めに研修によってきちんと学習してもらうことに力を入れ、そのうえで本気で取り組む意志を示してもらうため、種苗と餌については無償提供ではなく、それぞれ半額を負担してもらうルールにした。そのためか、当初は研修受講後に実際に養殖を開始した人の割合は2割程度と低かった。

しかし、水産局や地方の普及員など関係者の多くからは、持続性のある養殖技術の普及にはこのルールを基本にすべきだと支持され、この方針を堅持した。その結果、やがて地に足の着いた本格的な普及プロジェクトへと発展していく流れをつくることができた。

アフリカでダントツ1位の養殖大国エジプト

ここで、当時のアフリカにおける養殖魚類生産の概要を見てみよう。2012年の国連食糧農業機関(FAO)のデータによると、アフリカ全体の養殖魚類の生産量は約147万トンで、世界全体5145万トン(海藻を除く)のわずか2・86

表1　主要アフリカ国における養殖生産量の推移

単位:トン

	使用言語	2000年	2003年	2006年	2009年	2012年
エジプト	英語	340,093	445,181	595,030	705,490	1,017,738
ナイジェリア	英語	25,718	30,677	84,578	152,796	253,898
ウガンダ	英語	820	5,500	32,392	76,654	95,906
ガーナ	英語	5,000	938	2,270	7,154	27,450
ケニア	英語	512	1,012	1,012	4,895	21,488
ザンビア	英語	4,240	4,501	5,210	8,505	12,988
ジンバブエ	英語	2,151	2,600	2,450	2,652	8,010
コートジボワール	仏語	1,197	866	866	1,340	3,720
マダガスカル	仏語	2,480	2,460	2,770	2,850	3,630
マラウィ	英語	530	666	1,500	1,620	3,232
タンザニア	英語	210	2	10	82	2,910
コンゴ民主共和国	仏語	2,076	2,965	2,970	2,970	2,869
アルジェリア	仏語	304	394	272	2,116	2,281
その他31カ国		6,250	8,350	8,023	10.218	11,734
合計		391,581	506,112	739,353	979,341	1,467,861

出典:FishStat, FAO

パーセントにすぎない。そして、アフリカの約147万トンのうちの約102万トン、69・3パーセントがエジプト1国で生産されている。

えっ、なぜエジプトが1位なのかと驚くだろうが、わけはこうだ。アフリカ大陸を縦断する大河ナイル川の中流、スーダンとの国境付近にエジプトは、1970年、灌漑と治水目的でアスワンハイダムを建設した。これにより河川の流量はコントロールされたものの、河口デルタ地帯は地中海からの海水が遡上する広大な汽水性の低湿地帯となった。このため塩分の影響で一帯は農業開発がむずかしくなったが、逆に注目されたのが魚の養殖池としての開発だった。

やがてエジプト政府は、国策として大規模な養殖池の開発を推進し、現在ではアフリカ随一の養殖地帯となった。対象となる魚種は汽水に強いティラピアとボラで、とくにティラピアの生産量が多く、現地には養殖ティラピアだけを扱う仲買市場まで整備されている。

一方、エジプト以外のアフリカ諸国、とくにベナンを含むサハラ砂漠以南のサブサハラと呼ばれる地域に目を向けてみると、東側には公用語が英語のケニア、タンザニア、エチオピアなど、西側にはフランス語のセネガル、コートジボワール、カメルーンなどがあり、わずかではあるが養殖生産に取り組んでいる。しかし、どこもエジプトとは比べようもない数字である。

サブサハラ地域で養殖開発が注目されたのは、実は最近のことではない。アフリカ諸国の多くは「アフリカの時代」と呼ばれた1960年代に独立しているが、1970年代からほとんどの国で食糧増産の必要が叫ばれて、魚の養殖の振興プロジェクトが進められた。

未知なる養殖大陸アフリカの開発の扉を開けられるか

そのほとんどは淡水魚で、プロジェクトの活動拠点として各地に「養殖センター」が整備された。そこでは一般養殖家の研修、養殖池の掘削、種苗や餌の無償配布などがおこなわれたが、その成果はどこも芳しくなかった。とくに西アフリカや中央アフリカ、より正確に言えば、これらの地域のフランス語圏国の養殖センターのほとんどは、プロジェクト終了後に閑古鳥が鳴き、せっかく養殖を開始した農民たちは活動を放棄してしまった。

そんななかで近年、エジプトに次ぐ第2、第3の養殖大国として勃興してきたのがナイジェリアとウガンダである。ナイジェリアではアフリカナマズ、ウガンダではナマズとティラピアを養殖して驚異的な生産拡大を図ってきた。この2カ国を含めて興味深いのは、上位7位までがすべて英語圏の国々だ。

養殖開発では自然環境や社会環境が大きく影響するので、国情を精査してみる必要はあるが、フランス語圏の国々の養殖発展段階、伸び率は相対的に低いままだ。しかし逆に考えれば、今後これらの国々に養殖が普及していくとすれば、アフリカの養殖開発ポテンシャルは、ひょっとするとアジア級となる可能性がある。私はいま、その扉を開けようとしているのかもしれない。

本格的な養殖普及プロジェクト（PROVAC）がスタート

2007～2009年に実施された開発調査PACODERにおける試行錯誤と教訓、そしてアフリカの時代背景と情勢を踏まえて、2010年からは本格的な養殖普及プロジェクト「ベナン国淡水養殖普及プロジェクト（PROVAC）」が3年計画でスタートした。

PROVACでは、先行実施したPACODERの成果にもとづき、養殖ポテンシャルが高いと思われるベナン南部7県（アトランティック、リトラル、モノ、クフォ、ウエメ、プラトー、ズー）をプロジェクト対象地域として、PACODERでの総論的な概念である村落開発ではなく、「養殖技術の普及」そのものに焦点を当てて、利益が出る養殖についてさまざまな実証試験をおこなうとともに、その技術を農民間での研修によって普及させ、具体的に養殖家の数を増やしていくという明確な目標を掲げた。

PROVACはインテムが元請けとして受注することになった。そして、私が全体のリーダーとして仕切り役に就くことになった。53歳、私はとうとう「プロジェクトマネージャー」となった。

このPROVAC受注にまつわるいきさつは、いまもインテムの語り草となっている。プロポーザル作成に全社あげての涙ぐましい裏話があったからだ。

すでに述べたとおり、アフリカのプロジェクトについて私は、初めは腰が引けていて、それほどやる気がなかった。それに当時、社内にはアフリカ経験者がほとんどいなかった。だから、PACODER終了後に継続案件となって公示されたら、またオアフィックとJVを組めばいいかな程度にしか考えていなかった。ところが諸事情によって、オアフィック側からプロジェクトマネージャーを出すことがむずかしくなり、また周りの関係者からの働きかけもあって、急遽インテム主導で応札せざるをえなくなったのである。予想していなかった事態に、私自身が慌てふためいた。

「私、ベナンに派遣されるなら会社を辞めます」

数年単位で実施される本格的な技術協力業務となると、現地での業務費、人件費、渡航費、宿泊費など契約金額の総額は数億円になり、参加する専門家の数も7〜8人になる。そこでまず、プロポーザル作成段階で専門家を確保して、JICAの内諾をとりつけなければならない。同時に、現地で必要となる経費を積算するための資料を集める必要もある。プロポーザル作成は、JICAの公示が出される前の段階で、こうしたいくつかの準備を済ませておくのがふつうである。

ところが今回のPROVACの場合、いろいろな事情から、公示されるまでインテムとしては何も手をつけていなかった。おまけに、肝心の私はJICAの「アフリカ地域内水面養殖指針の策定調査」でエジプト〜ベナン〜カメルーンへ出張のど真ん中だった。インテム主導でプロポーザルを書くことに決まったとき、私はエジプトの調査を終えてベナンで調査中だった。しかしこのとき、現地のカウンターパートから直接お願いされ、そのことが私の最終的な決断材料となったので、いわば、飛んで火に入る夏の虫だったのかもしれない。

この時点で決まっている専門家は私1人。最終的には7〜8人必要だが、プロポーザル提出時には決定済の専門家3〜4人の経歴書は添付しなければならない。少なくとも「養殖技術、種苗生産、技術普及、研修／業務調整」の4人の専門家の名前は欠かせない。

まずはインテム社内からだが、中堅社員の1人は「ベナンに1カ月以上派遣されるなら会社を辞めます」と言いだす始末。とても社内では頭数が揃わない。

どうするか。思案の末に閃いた。つい数日前まで滞在していたエジプトに、1人いたのを忘れていた。初めて会ったあの養殖家だ。彼を口説き落とすことにしよう。そう決断した。

国際電話をかけまくり、まずエジプト人を確保、次は……

エジプトは説明したとおり、アフリカにおけるティラピアの養殖大国で、生産量はアフリカ全体の60パーセント以上とダントツの国だ。その養殖生産の基礎となった「全雄種苗生産」技術を早くから導入し、ナイル川河口デルタのカフルアッシェイフ県で養殖場を経営するとともに、その技術を一般に普及する民間レベルの研修センターを開設した著名な養殖家「ラドワンさん」にインタビューしてきたばかりだ。

決めたらメールなんてまどろっこしいから、電話だ。ベナンの次の調査国カメルーンに移動しながら、さっそく国際電話で状況を説明する。細かいことは抜きにして、なんとしても参加してもらうために、一押し二押し三に押しである。その甲斐あって、了解が取れた。

すでに64歳のラドワンさんがどういうパフォーマンスを発揮してくれるのかは不安だったが、彼の実績と能力ならなんとかなると信じるしかない。

次に技術屋さんがもう1人必要だが、見つからない。行きたくない人にいやいや行ってもらっても、あとの世話が大変になる。そこで白羽の矢を立てたのが、インテムの社員で東水大の先輩にあたる根崎悟朗さん。根崎さんとはあの学生寮時代からのつきあいなので、気心は知れている。

ただ問題があった。根崎さんはこれまでクルマエビとか黒海カレイの種苗生産をしてきた海水魚養殖の専門家だが、淡水魚養殖はあまり経験がない。いまだから言えるが、ティラピアとかナマズとかには触ったこともないと言う。「でも、土居の頼みなら」と引き受けてくれた。経歴のところは鉛筆なめなめ、いつものように頭をひねるしかない。魚の飼育技術の基本は同じことなのだから。

こうなれば開き直って、フランス語ができる彼しかない

これで技術専門家は揃った。技術普及は私がやるとして、残りは研修／業務調整の専門家だ。このポストはプロジェクトの運営管理を担うコアの部署で、コンサルタントとしての経験とともに、現地で政府や関係部門との諸々の調整をするため、語学が堪能でなければ務まらない。また派遣期間が長いので、現地での生活に適応できる能力も必要となる。ふつうは30歳前後の若手がその任に就く。おそらくベナンでなく東南アジアだったら、社内からも我先に手が上がるはずだ。

しかし西アフリカ、フランス語圏となるとみんな腰が引ける。フランス語ができる青年海外協力隊出身者も、「長期間ベナンですか。それはちょっと……いまは抱えている仕事もあるし」とつれない返事だ。とにかく思いつく人脈を片っ端からあたってみたが、すべてだめだった。

こうなれば、フランス語だけできればと開き直るしかない。そこで、これまでのPACODERでフランス語通訳をしてくれた山岸光哉さんに最後の望みを託して電話した。おそるおそる「いまからインテムに入社して、ベナンで仕事をしてもらえませんか」とお願いすると、「ああ、いいですよ」の即断即決。私と同じ53歳の山岸さんの心意気に感謝、感謝だ。

これで混成部隊の主要メンバーは決まった。寄せ集めではあるが、一人ひとりの能力レベルは申し分のない立派な陣容である。しかし、JICA的視点に立つとどうなのか。ラドワンさんと山岸さんはJICAのコンサルタントの仕事は初めてだから、経歴とこれまでの業務実績から、いかにこのポストに適任か、欠かせない人材であるかをアピールしなければならない。根崎さんについては、専門家としての類似業務経験をどう説明すればいいのか悩ましいかぎりだ。まあ専門的にみて、海水魚も淡水魚もつきつ

めれば同じような養殖技術ということで、グレーゾーンを拡大解釈しながら丁寧に説明するしかない。

みんなで「土居さんをプロマネにしよう」

プロポーザルでは企画書の本体部分以外に会社の実績とか社外からの支援体制とか、コストの積上げ（現地からの見積もりの取り付け）など、膨大な文書作成のサポート業務が発生する。インテムでは業務部が支援してくれるのだが、今回は徹夜つづき、泊まり込みの非常事態態勢で臨んでくれた。「土居さんを初めてのプロマネにしよう」と東京サイドの事務方も一丸となって、家内制手工業的に頑張ったのだ。

それに応えて私は、カメルーンで本来業務をこなしながら国際電話をかけまくり、プロポーザルの本文を、こちらも徹夜で書きつづけた。こうしてインテムはじまって以来のてんやわんやの大騒動の末、プロポーザルは締め切り間際に提出された。社会経済や農家経営／マーケティングを担当してもらうオアフィックとのJVである。

その結果。さて競争相手はいるのか。戦々恐々、いざふたを開けてみれば、入札に参入したのは私たちのチームだけ。単独入札だった。単独入札といってもJICA内部できちんと評価がおこなわれ、一定の点数に達していなければ契約には至らない。

私たちのプロポーザルは、かろうじて足切り点を突破できたが、契約に至るまでの交渉では、当然というか、多くの「指導」を受けることになった。「JICAとしては、通訳しかやったことのない人をコンサルタントとして認めるわけにはいきませんよ」「このエジプトのおじさん、本当に大丈夫なの」「根崎さんには語学の資格が添付されてないけど」など、いろいろとお叱りをいただき、へとへとになりながら、な

立派に成長したアフリカナマズを収穫し、
出荷する。

魚を出荷したあと新しく放流する前に
養殖池を清掃するようす。

一般養殖家のための農民間研修を
中核養殖家の養殖池で実習するようす。

女性中核養殖家ファイゾンさんの養殖池での
ティラピア収穫のようす。

ジャックさんの施設でおこなわれた
一般養殖家のための農民間研修のようす。

養殖技術の指導者ラドワンさんと
中核養殖家ジャックさん。

新しく選定された中核養殖家
モイズさんと筆者。

一般養殖家のための農民間研修。
講師は地元の養殖普及員（ローカルカウンターパート）。

左：大型のティラピアを持つ女性中核養殖家ファイゾンさん。
中：一般養殖家が育てたティラピア。
右：中核養殖家ギーさんが養殖したアフリカナマズ。

ナマズのトマトソース煮込みを
売るコトヌーの食堂。

蒸かしたヤムイモを臼と杵でついて
イニャム・ピレを作る。

んとか契約締結のゴールに到達することができた。反省こめて、懐かしい思い出である。

PROVAC成功のカギを握る「全雄種苗生産」技術

このPROVACプロポーザルのセールスポイントは、エジプトで成功しているティラピアの全雄種苗生産技術のベナンでの普及である。そこが技術面における最大のカギでもある。

全雄種苗生産とは、ティラピアのふ化仔魚に雄性ホルモン入りの餌を一定期間（約3週間）与えて、すべてをオスにする技術である。魚の機能上の性はこの仔魚期に決定されるので、このときに雄性ホルモンを吸収させると遺伝的にはメスであっても、機能的にはオスとなる。つまり、成熟産卵はおこなわないので、池の中で繁殖することはなく、オスと同じように成長する。

前回の調査PACODERでの経験から、ティラピア単独の池養殖を成功させるには、この技術の導入しかないと私は確信していた。しかし、そこには大きな課題、乗り越えなければならない壁があった。

この方法ですべてオスの種苗を作るためには、人工的に合成した「雄性ホルモン剤」を使用することになる。その場合、取り扱いに注意しないと、人体や自然環境に影響が出る懸念が指摘されている。この点については、技術が開発されて以来、過去30年余り、養殖の実務者と環境保護派による議論が繰り返され、現在も折り合いはついていない。

「雄性ホルモン剤」の使用をめぐるさまざまな問題点

実際、エジプト、タイ、中国、米国、ガーナなど主要ティラピア養殖国においては、ふつうの技術となっている一方、アフリカではガボン、アジアではインドネシアなど法律でホルモン剤の使用を禁止している国もある。禁止までいかなくても、多くの国で取り扱いについて厳しいルールが課せられている

私はもちろん養殖実務者としての立場であり、現時点では、きちんとしたルールの下で適切にホルモン剤を使用、管理することが養殖発展のポイントであると考えている。技術的な詳しい説明は省略するが、ティラピアの全雄種苗を生産する方法として、すでにいくつか別の方法が開発されているが、少なくとも開発途上国においては、現時点でそれらを導入できる環境にはない。今後、より安全度が高く、コスト的に許容できる技術、そして現場で受け入れられる技術が開発されれば、そちらへ移行していくのは当然である。

ところが、プロポーザル提出後の現地情報によると、ベナン側はホルモン剤使用に難色を示しているというのだ。

案ずるより産むがやすし、「やってみましょう」

プロポーザルが受理されても、そうなると全雄種苗生産方式は実施できないことになる。ホルモン剤が使えないとなると、ふつうの餌で飼育して、30~40グラム程度まで成長したティラピアの稚魚を1尾1尾、生殖器の形状を目で識別して、手作業で雌雄を選別しなければならない。養殖経験の浅いベナンで、そんな手間暇のかかる作業を農民たちがやってくれるとは思えないし、これではエジプトからわざわざ専門家を招聘する必要はなかったことになる。

こうした経緯から、現地側プロジェクトマネージャー(プロマネ)に会って問題を確認するまで、私は

内心ビクビクだった。しかし、案ずるより産むがやすしだった。

プロマネの水産局のダルメイダさん曰く、「ティラピア全雄化のための雄性ホルモン剤の使用は世界標準でしょう。使用期間と使用量は限定的だから、とりあえずやってみましょう」ということで一件落着。ホルモン剤に否定的という噂は、さまざまな被害が報告されている、いわゆる成長ホルモン剤に関してのものだった。

私はこのときPROVACの成功を確信した。


めでたくティラピアの全雄種苗生産技術が導入される

このように、私と現地プロマネレベルでの合意はすんなりできたのだが、現地の関係者を一堂に会してのプロジェクト説明会では、研究機関や大学関係者、政策立案担当者などから、雄性ホルモン剤の使用可否について蜂の巣を突いたような騒ぎとなった。科学的にいくら説明しても、とにかく環境への影響が心配だと納得せず、ホルモン剤を使わない新しい技術を導入すべきだとか、各人が自分の怪しげな自説や、どこかで小耳に挟んだような理屈を滔々と述べ、収拾がつかなくなった。

ホルモン剤を使用するわけだから、環境への影響がまったくないとは言いきれない。しかしホルモン剤は、稚魚の初めの一時期だけに使用され、しかも短期間で体外に排泄されることは証明されており、成魚となったティラピアを食べても人体にはまったく問題がない。ただ、ごくごく少量とはいえ、食べ残した餌から染み出したり、魚体から排泄されたりしたホルモン剤が池の水に残留することから、周りの生物の性比に影響する可能性について全否定することはできない。しかし、これを科学的に証明することは不可能だろう。

雄性ホルモンを素手で触ると、例えば女性のひげが一時的に濃くなるといったウソか本当かわからない話も聞く。しかしそれは、手袋をはめるなど細心の注意をはらうことで回避できる。

こうした関係者によるさまざまな角度からの議論、検討を経て、2010年、エジプト人専門家ラドワンさんの指導によって、めでたくこの全雄種苗生産技術はベナンに導入された。そして、研修を受けた中核養殖家による全雄種苗生産が開始され、農民間研修を通じて一般養殖家にも有効性を理解してもらい、種苗を配布して「技術普及」がはじまった。

中核養殖家と地方の養殖普及員をエジプトへ技術研修に

このようにしてティラピアの全雄種苗生産技術はベナンに導入され、新しい局面に入った。とはいえ、ベナンの小規模養殖家たちは井の中の蛙で、養殖という新しい産業のスケール感についてはわかっていない。そこで、世界の先進事例の現場を視察することにした。同じアフリカで、エジプトのラドワンさんの養殖場があらゆる意味で好都合と考え、中核養殖家と地方の養殖普及員を技術研修に送る計画を立てた。彼らのやる気向上につなげる、「インセンティブの醸成」でもある。

中核養殖家4人と普及員3人を選抜したが、全員、海外旅行なんて初めてだから準備が大変だった。まずパスポートの取得。いまの自分の名前と戸籍上の名前が違う、現住所が不正確、税金滞納でIDカードが失効中など、日本では考えられないことが次々に「露見」する。さらに、ベナンにエジプト大使館がないのでビザの取得は、JICAのエジプト事務所に平身低頭でお願いした。さすが国際協力の歴史の長いエジプト事務所は、エジプト外務省にかけあってくれて難関をクリア。

２０１１年5月、研修生7人は山岸さんに引率されてコトヌー空港を深夜、出発。翌朝パリで乗り継ぎカイロ着。空港からバスで3時間余りでラドワンさんの養殖場へ。英語が話せないベナンの「田舎者」7人を連れて、山岸さんは大奮闘だった。

エジプトでの3週間の技術研修によって一同は、ティラピアの全雄種苗生産やナマズの種苗生産の実技を学び、先進的な民間養殖場での給餌や収穫の実務をみっちり体得して帰ってきた。帰国後の彼ら彼女らが、一皮剥けて大きく成長したことは誰の目にも明らかだった。

このエジプト研修は大好評だったので、２０１２年と２０１３年にも実施し、計21人を送りだした。

ベナンでは当初、全雄種苗といってても中核養殖家の技術が伴わないため、オス化率は低く、さまざまな苦情、疑問が寄せられた。しかし、このようなエジプトでの研修や、プロジェクトスタッフが試験的に飼育してデータを示す実証試験によって、そうした問題は徐々に払拭され、池の中での繁殖が抑えられて、オスが良好な成長率で収穫できるようになった。ＰＲＯＶＡＣは1年半延長され、２０１４年のプロジェクトの終わりごろになると、全雄種苗で生産性を高める養殖家が増え、商業的な成果へと結びつくようになった。

カウンターパートはタイ、カンボジアで技術研修

エジプトでの技術研修と並行して、ベナンのカウンターパートの能力向上のための研修活動もおこなった。こちらは日本の進んだやり方を見せるため日本国内で研修した。２０１１年7月、当時の農畜水産省

の事務次官ビガンさん、プロジェクトの中心スタッフのイポリットさんらを水産庁や全国各地の水産試験場に案内した。私のふるさと高知での研修も組み込んだ。私自身が案内できたことで、その後のプロジェクト運営に大いなる追い風となった。

またカウンターパート研修の第2弾では、水産局次長のニタスさん、現地プロジェクトマネージャーのダルメイダさんら幹部クラスを対象に、2012年6月、東南アジアの養殖事例の視察を実施した。先進事例として発展しているタイの養殖事情と、発展途上にあるカンボジアの養殖事情の両方を見せることができた。タイとカンボジアは私のフィールドでもあり、旧知の現地スタッフもいるので私が引率。カンボジアのFAIEXプロジェクトでいっしょに仕事をしたビセスさんやチンダさんが、私たち一行を熱心に研修してくれた。

タブー視されるアフリカナマズは優れものの養殖魚

アフリカでティラピアと並ぶ養殖対象魚種はアフリカナマズである。日本ではヒレナマズと呼ばれる仲間で、東南アジアでも養殖対象としてよく知られている。このヒレナマズ類は、鰓の一部が発達して空気呼吸もできるため、水質の悪い過酷な水環境下でも高密度な養殖が可能な、優れた養殖魚としての特徴を持っている。アフリカナマズはほとんど腐ったような水質の水槽でも食欲旺盛に泳ぎ回って成長する。

アジアのヒレナマズ類は成魚でも40~50センチ、500グラム程度の大きさだが、アフリカナマズは1メートル以上、5キロ級に成長する。とにかく成長が早く、10~15グラムの種苗サイズから早ければ4カ月ほどで600~800グラムの商品サイズに育つ。ただ肉食性でタンパク要求量が多いので、餌代はティラピアよりはかかる。

これだけ優れもののナマズだが、ベナン国内では部族によってはナマズ食がタブー視されている。私はなんとか養殖ナマズを食べてもらいたいのでその背景、理由を何度もカウンターパートに訊ねたが、はっきりしなかった。ウエ族は宗教上の理由でほぼ100パーセント食べないというが、それ以外の部族ではとくに決まっているわけではなく、同じ家族でも食べる人と食べない人がいるという。傾向としては南部の沿岸地域に居住するウラ族やポポ族、ミナ族などはあまり食べないようだ。しかし、切り身にして加工すれば食べるそうで、食べず嫌いという見方もある。

隣国ナイジェリアの有望な市場を見据えて技術改良を指導

このような社会的な背景もあって、ベナンではアフリカナマズの養殖はほとんどおこなわれてこなかった。ところが隣国のナイジェリアでは大々的に養殖がおこなわれている。人口が1億8200万人とベナンの20倍近い大国だから、養殖ナマズの需要は大きい。そうした事情もあって近年、ベナンでも輸出市場開拓を見据えたナマズ養殖への関心は高まっている。

ヒレナマズ類の種苗生産は東南アジアでもおこなわれている。通常、メスの親魚には成熟ホルモンを注射して、卵を搾り出して人工授精する。ナマズの卵は直径2ミリほどだが粘着性が強く、自然環境下で石や水草などに吸着する。そうした特徴は人工飼育環境下では逆に厄介で、できるだけバラバラに分離してくれたほうが管理しやすい。

そこで、カンボジアで経験を積んだプロジェクトメンバーの専門家打木研三さんは、人工授精後、ただちに泥水で卵を洗う方法でこの問題を解決してくれた。また、初期の餌としてアルテミアという市販の稚魚用プランクトンを使っていたのを、養殖池から採取した天然プランクトンに置き換えるほうがコスト的にも、生残率を向上させる意味でもよいことを明らかにし、その採集方法をベナンでも指導している。これによって、現在は安定した種苗生産ができている。

絶滅危機の日本のウナギの救世主となるかアフリカナマズ

これらの技術指導によって中核養殖家では一定のナマズの種苗生産が可能になり、一般養殖家に種苗を配布できる体制が整った。ナマズの場合は稚魚期の成長に個体差が生じるため、中核養殖家の一部には、大型の良好な種苗を自分の養殖池用に確保して、成長の遅い小型種苗を一般養殖家に販売する輩もいて、最初は不満が多く寄せられたが、複数の中核養殖家が種苗を扱うようになると自然淘汰され、健全な市場運営が確立されていった。

現地ではナイジェリアも含めて、ナマズはまず燻製に加工される。それからヴェルノミアと呼ばれる苦い野菜と煮込んだり、トマトベースのスープ料理に使われるのが一般的である。現地ではナマズ料理のメニューは限られているが、白身の魚で身はしっかりして、クセがないのでいろいろな料理に活用できる。

最近、近畿大学の有路昌彦先生がウナギのかば焼きに代わるものとして、日本のナマズの商品化を提唱しているが、このアフリカナマズも十分その期待に応えられそうだ。マレーシアのサバ大学の瀬尾重治先生によると、アフリカナマズの蒲焼は、「下手なウナギの蒲焼よりずっと上」と業界誌で評価している。ベナンに10年以上通っている私のお薦めは、蒲焼ではなく天ぷらだが、それはともかく、今後、生産量が急増すると予想されるアフリカナマズをぜひ日本の市場に、みなさんの食卓に登場させたいと期待している。

ベナンの代表料理「イニャム・ピレ」

ここでベナンの料理、食事情について触れておこう。

ベナンに通いだした当時、私は食が合わず憂鬱な日々がつづいた。現地では、匂いの強い羊や山羊肉のトマトベースの煮込み料理あるいは、アジやサバを唐揚げにしたものをおかずに、トウモロコシの粉を蒸して、練って、固めたパットや漉してプリン状にしたアカザを主食としていっしょに食べる。しかし、毎日出てくる同じトマト味には閉口した。とても私の口には合わなかった。

しかし10年以上経過した現在、フランス語もレストランのメニュー程度はわかるようになり、食べられるものも増えてきた。住めば都で、あんなにいやだったパットも美味しく食べられるようになった。

ベナンの料理で私のお薦めは「イニャム・ピレ」だ。ヤムイモの皮を剝いて石臼に入れ、杵(きね)で餅つきのようについて、餅状にしたものだ。イニャムがヤム芋、ピレが餅という意味だ。杵は月のウサギが持っているような棒状のもので、女性が4～5人でバコバコとついているうちに粘着度が増し、きれいな白い餅状になる。

これに、おかずはトマトベースあるいはピーナッツベースのスープで煮込んだ肉や魚だ。私のお気に入りはピーナツベースで煮込んだ羊肉とそのホルモンである。コトヌーの事務所の近所に「イニャム・ピレ」料理の店があって、2日に1回はそこで昼飯を食べている。

PROVACはフェーズ2へ、そろそろ後継者にバトンタッチか？

JICAは、こうしたPROVACの成果をさらに広域的に広げていく戦略から、ベナンにおいて第2フェーズとなる「PROVAC2」の実施を決定した。PROVAC2では、ベナンの南部7県だけでなく、北部の内陸を含む全国を対象とし、また近隣諸国において「農民間普及アプローチ」を適用できる可能性を探るためにトーゴ、カメルーン、ガボン、コンゴ共和国、コンゴ民主共和国（RDC）、アンゴラなどからの視察研修も受け入れる計画である。

PROVAC2は2017年から5年間の予定でスタートしており、ひきつづき私がプロジェクトリーダー（プロマネ）の任にあたっている。

インテムでは2012年に役員交代があり、私が代表取締役社長に就任した。1993年に名前ばかりの役員として入社してから20年、私はフィリピンの長期派遣専門家から単独単発型の案件で自転車操業の日々をすごし、報酬がNGOレベルだったカンボジアの淡水養殖プロジェクトを経て、ようやく念願の業務実施型の開発コンサルタントとして「総括」を務めることができるようになった。

思えば長い道のりだった。ベナンなんか行きたくないとブツブツ言いながらも、同僚、社員そして家族に支えられながらここまでなんとかやってきた。気力、体力がつづく限り、私は開発コンサルタントとしての仕事はつづけたいと思っている。しかし、すでに61歳だ。プロジェクトの運営管理をやりつつ、社長業をやり、おまけに毎日飲み歩くという生活がいつまでできるのか心許ない。

こんな生活をつづけてきた代償だから家に帰っても居場所はないし、隣近所のつきあいもほとんどない。そろそろギアチェンジして次世代にバトンタッチ。あわよくば日本に「定住化」したいものだ。

第七章　「お魚系」開発コンサルタントとして考えたこと

18年間で海外出張34カ国、101回のプレーイングマネージャー

　私は東京水産大学大学院の修士課程修了後、1982年にシステム科学に入社して以来、「JICA専門家」を経て、インテムコンサルティング社に籍を置き、政府開発援助（ODA）の開発途上国のプロジェクト現場で、開発コンサルタントとして働いてきた。2012年2月にはインテムの社長に就任したが、その後もプレーイングマネージャーとしてアジア、アフリカ、中南米の途上国の現場で働きつづけてきた。そして36年が経ち、61歳になった。

　この業界で一人前として認められるのは、かろうじて30歳を過ぎてからだろう。一般企業と比べると人生カレンダーはやや後ろにずれていて、65歳くらいまではふつうに働けそうだ。私の周りには気力、体力ともに充実した70歳超の現役の人も珍しくない。インテムの創業社長の高井壮一さんも二代目社長の土井保道さんも経営の前線から離れたとはいえ、いまでもバリバリの現役コンサルタントとして活躍している。

　2007年、アフリカのベナン行きを前にして私は、「50歳にしてアフリカかあ」とため息をついたが、実はこの業界で50歳というのは、働き盛りの入り口にすぎなかったのかも知れない。なぜなら、その後の海外業務生活は表2のとおりで40代とまったく変わらない。我ながら、よく働いたものだと改めて思う。

おそらく、同業他社の多くの開発コンサルタントの方々も、担当するプロジェクトこそ違え、私と同じように、いやそれ以上に頻繁に、あるいはまた長期間の海外生活を送っているはずだ。

「年間どのくらい海外に出ていますか」とよく聞かれる。この表2からわかるように、2000年（43歳）から2017年の18年間の海外出張の回数は101回で、訪れた国は34カ国にのぼる。本書の「はじめに」で約40カ国と書いたが、これは若い時分の単発型の調査などで中東諸国、カリブや大洋州の島国でも仕事してきたからである。1年間の出張回数でみると2005年と2008年が8回、少ない年でも4回となっている。1年間の海外派遣日数を計算すると多い年で8～9カ月、少ない年でも4～5カ月、平均で6カ月は途上国で働いていることになる。

「どこの国がよかったか」と聞かれると

「行った国ではどこが一番よかったですか」ともよく聞かれる。なかなか一言では答えられないが、正直に言うとやはりアジアがいい。とりわけ東南アジアならどこの国も好きだ。居心地がよく、ストレスフリーである。それに食べ物がうまい。口に合っている。体つきもほぼ同じ。宗教は違っても、会話はお互い第2外国語の英語でほぼこと足りる。私の英語はたぶんこの地域でもっとも通じるだろう。主張は違っても議論がかみ合う感じがする。なんというか一体感がある。

それに比べてアフリカや中南米となると、どうしても構えてしまう。体は大きいし、言葉は英語にせよフランス語にせよスペイン語にせよ、彼らはみんなペラペラのネイティブである。主義主張というか、物事の考え方の根本が、どこか微妙に違うような気がする。物理的にも距離があり、行くだけで丸1日、場

表2　2000年から2017年の海外コンサルティング国別業務年表

年齢	年	1月	2月	3月	4月	5月	6月	7月	8月	9月	10月	11月	12月
43	2000												
44	2001												
45	2002												
46	2003												
47	2004												
48	2005												
49	2006												
50	2007												
51	2008												
52	2009												
53	2010												
54	2011												
55	2012												
56	2013												
57	2014												
58	2015												
59	2016												
60	2017												

フィリピン　ブラジル　インドネシア　カンボジア
ベナン　モルディブ　その他

やはりアジアがいい。とりわけ東南アジアが居心地がいい。その一つカンボジアのプノンペンの魚市場のようす（2005年頃）。

合によってはそれ以上かかる。しかも、食べ物、食文化はどうしても異文化のそれとなる。

私にとってはこれらアフリカ、中南米地域には勝手知ったアジアと比べると、どうしてもメンタルなバリアがある。これは、若いときに年単位の長期間生活した人なら薄れるようだ。サブサハラアフリカと呼ばれる地域、とりわけ西アフリカのフランス語圏は、イスラム過激派やエボラ出血熱などというネガティブなイメージが先行するが、青年海外協力隊で働いた人たちは現地の人々の考え方が理解できるようになるからか、継続してアフリカで働きたいという人も多い。私は50歳過ぎてからの本格的なアフリカ参入だったのでやや時間はかかったが、いまではそれほどの抵抗感もなくなってきた。

それにしても、水産分野の技術協力案件が近年、東南アジアでほとんどなくなってしまったのは残念である。

自然環境、計画調査、社会開発を中心に固めた経営基盤

私は、2007年から2009年にかけて、カンボジアの「淡水養殖改善・普及計画（FAIEX）」を継続しながら、新しくスタートしたベナンの「内水面養殖振興による村落開発計画調査（PACODER）」を並行させ、アジアとアフリカを交互に組み合わせて現地に出張を繰り返していた。そして徐々にアフリカへとシフトしていった。

その間、カンボジアのプロジェクトはフェーズ1（2004〜2009年）の成果を発展させるフェーズ2（2011〜2015年）へと移行し、プロジェクトマネージャーは丹羽幸泰さんが引き継いだ。カンボジアのフェーズ1は利益の出るプロジェクトではなかったが、フェーズ2は通常のコンサルタント契約になったため、一定の利益も計上できるようになった。

これによりインテムは、ベナンの「淡水養殖普及プロジェクト（PROVAC、2010～2014年）」と合わせて、2つの中規模の技術協力プロジェクトを同時に運営管理することになり、経営基盤をしっかりと固めることができた。私はこの時期、インテムの3代目の社長に就任し、中小企業の経営者として、会社らしい体制を整えることにも力を注いだ。

インテムには、私が担当する水産分野を中心とした自然環境部の他に、主に無償資金協力事業を担当している計画調査部、そして人材育成・教育とかジェンダーなど社会的な課題や評価分析を担当している社会開発部がある。

計画調査部の無償資金協力の仕事

計画調査部のこの間の主な業務には、「セネガル・日本職業訓練センター拡充計画（2010～2012年）」、「カンボジア国シハヌークビル州病院整備計画（2012～2015年）」、「ヨルダン国ペトラ博物館建設計画（2013～2016年）」などがある。これらはすべて相手国政府からの要請にもとづき、JICAが日本のコンサルタントを調達（雇用）しながら、妥当と考えられる施設の規模や機材の内容、グレードに関する調査をおこない、コストを積算する。そして、積算された金額について閣議決定がなされたのち、日本が無償で資金を提供するので、「無償資金協力」と呼ばれる。

これらの無償資金協力案件でのコンサルタントの仕事は、施設や機材の設計を担当し、入札に必要な「入札図書（設計図／仕様書）」を作成して入札関連業務をおこなう。そして、日本国内の総合建設業者

（ゼネコン）や商社などが落札・受注して工事や調達をおこなう際に、施工監理（機材の場合は調達監理）をおこなう。さらに、それらの施設や機材の初期の運用を円滑におこなうため、専門家を派遣して技術指導する。例えば病院なら、日本の医師を現地に派遣し、無償供与した機材の使い方や必要な人員配置についてアドバイスする。これがソフトコンポーネントと呼ばれるものである。

インテムは、無償資金協力のなかでも職業訓練機材、医療機材、工学系理学系の大学機材などを得意分野としており、施設設計を担当するいわゆる設計コンサルタントとＪＶを組んでＪＩＣＡが公示する案件に応募し、競争入札によって業務を受注する。相手国政府からの要請は、ときとして過大なものになりがちなので、現地のニーズをよく調査して、適切な規模、適切なグレードの施設として設計することが重要になる。

第６章の冒頭で「水産無償」について説明したが、計画調査部で担当しているのはほとんどが「一般無償」というカテゴリーである。水産無償案件は漁港や魚市場、調査船といった特殊性が強いものなので、インテムにはいまだ参入障壁が高い。

無償資金協力ではＪＩＣＡから相手国政府にクライアントが変わる

技術協力案件は、発注から終了までクライアントはＪＩＣＡだが、無償資金協力案件では途中からクライアントが変わる。施設や機材の概略設計（基本設計）を作成して、無償協力として供与する予算を決めるところまでは、ＪＩＣＡがコンサルタントに発注する。そこで決められた予算額は、政府から相手国政府の口座に振り込まれる。

それ以降は、相手国政府がその資金で業務を進めることになる。つまり以降の業務を請け負うコンサルタントにとっては、そこから先のクライアントは相手国政府ということになる。もちろん、業務の進捗はＪＩＣＡに報告しなければならない。

その際、相手国政府はコンサルタントと直接契約を交わして、実施設計から施工、調達監理などの業務を委託する。実施設計ではすでに作成した概略設計を精査して、その予算の範囲内で「入札図書」を作成する業務になる。その後、入札をおこない、落札した日本のゼネコンや商社などと相手国政府が契約を交わすところまでを、コンサルタントはコーディネイトする。そして、施設の建設、機材の調達を、これも相手国政府の代理として監督するということになる。

無償資金協力案件には規模の大小があるものの、インテムでも毎年４～５件の新規案件を受注している。

教育やジェンダーなどの案件を担当する社会開発部

社会開発部の主な業務は、自然環境部と同じ技術協力で、ＪＩＣＡのスキーム的にも同じである。インテムにとっては新しい部署であり、教育やジェンダー分野を中心に単独専門家の派遣のような案件から、業務実施型の案件への参加をめざしている。これまでに「南アフリカ教育政策アドバイザー専門家派遣（２０１２～２０１４年）」、「パラグアイ国地域と歩む学校づくり支援プロジェクト（２０１３～２０１６年）」、「平成25年度国別ジェンダー情報整備調査（モンゴル、ミャンマー、２０１３～２０１６年）」などがある。また単独単発型の評価調査についてもこの部が担当している。

インテム全体の売り上げでみると、年度によって変動はあるが、自然環境部と計画調査部がそれぞれ４

割、社会開発部が残りの2割となっている。

なお、この売上比率は、契約金額全体額ではなく、海外渡航費や現地業務費（現地プロジェクト事務所経費、旅費交通費、研修費、調査費など）を除いた額、つまり粗利（付加価値）で比較したものである。人件費以外の直接経費は右から左へ支出されるので利益とは無関係である。

ビジネスを利益だけで評価すべきでないのはいうまでもないが、営業段階においては、想定される付加価値の大きさが大きな判断材料になるし、決算においてもこの数字に着目することで大体のことは理解できる。

3回目の事務所移転で快適な職場環境に

インテムにはこれら3つの中核となる事業部とともに研修推進室という部署もある。まだ十分機能しているとはいえないが、将来的にはセクター横断型の研修運営管理の窓口セクションにしたいと考えている。

そして、こうした現業部門をサポートするセクションとして、業務部と経理部がある。業務部は、現業部門のロジスティクスの支援、契約の管理、売り上げの集計管理、顧客との精算業務支援など、実際に海外で業務にあたる前線部隊をバックアップする部署である。経理部は読んで字のごとく経費の計算、資金の調達、社内精算などの業務を担当している。

インテムは、2014年11月に創業以来3回目となる事務所移転をおこない、スペースは旧事務所の1.5倍の広さになり、少しは快適な職場環境になった。社員は30人規模から40人規模となっているが、常時半数くらいの社員が海外出張しているし、地方の専門職社員もいるので、一部をフリーデスク制として人数分の机は置いていない。もし全員が一堂に集合すると席は足りなくなる。

このような社員のすれ違いはこの仕事の宿命であり、コミュニケーションをどのように確保して組織としての一体感を確保するかが課題となってくる。海外出張者がいちばん集まりやすい時期は年末なので、インテムでは忘年会だけは全員参加で盛大にやることにしている。

「ダボハゼコンサルタント」と言われて

インテムの歴代社長も私と同じようにプレーイングマネージャーだった。見方を変えれば、みんな「なんでも屋」だった。だから、どんなプロジェクトにも果敢に挑戦してきた。そのため、なんにでも食いつく「ダボハゼコンサルタント」と言われたこともある。実際そのとおりで、別に恥じてはいない。むしろ、光栄である。とくにインテムを立ち上げてからの10年くらいは、目の前にあるどんな餌にも必死で食らいついていった。そのおかげで現在のインテムがあると思っている。

創業社長の高井さんとはインテム以前のシステム科学時代からのつきあいで、当時ある都市の交通計画、水質浄化装置の販売、ワニの養殖プロジェクトなどをいっしょにやった。インテムではお互い守備範囲が違ったが、「インドネシア国農林業特別借款事業（1998年）」や「インドネシア国生物多様性保全センター設立基本設計調査（2003年）」、「ラオス国海外水産業開発協力調査（2011年）」などでも現場仕事をいっしょにやっている。最近では後述する「モルディブ国持続的漁業のための水産セクターマスタープラン作成調査（2014～2017年）」で、漁業展示会に出品するカツオ一本釣り漁船に搭載する活（いき）餌（えさ）水槽モデルの設計をお願いした。

また2代目社長の土井さんが初めてプロジェクトマネージャーとしてＪＩＣＡから受注した１９９９年の「ベトナムエイズ防止計画基本設計調査」には、実は私がプロジェクトの積算担当団員として参加している。まあ、とにかく当時はどんな仕事にも日銭を稼ぐのに全力投球だった。

その後、ようやく本来の専門分野である水産養殖関係で本格的なコンサルタント業務を受注できるようになったわけだが、目先の餌に食らいつくダボハゼ気質は、新しいプロジェクトがあると果敢に挑戦していくというインテムの社風ともなっている。

そんなわけで、ベナンの養殖プロジェクトの第1フェーズから第2フェーズへの端境期にも、しっかりと新しい仕事に挑戦してきた。一つは２０１４年にはじまったインド洋の小さな島国モルディブの水産分野の開発計画「持続的漁業のための水産セクターマスタープラン策定プロジェクト（ＭＡＳＰＬＡＮ）」、もう一つは２０１５年にＪＩＣＡが新しく取り組みを開始した、日本の中小企業の海外進出を支援する中小企業海外展開支援事業によるインドネシアの「スラリーアイス製造装置を活用した水産物の鮮度保持および流通システム改善に係る案件化調査」である。

両方とも、私にとってもインテムにとっても新規分野へのチャレンジで、今後、養殖以外の分野へのビジネス展開の序章となることを期待しての参入である。簡単にこの二つの事業概要を説明しておこう。

モルディブの「持続的漁業のための水産セクターマスタープラン策定」

モルティブはインドの南西の洋上に浮かぶ島国で、１１９０の小さな島で構成されている。人口は約42万人。もともと漁業が主な産業だったが、いまでは世界的なリゾート地として有名になっている。観光産業の国民総生産（GDP）に占める比率は25パーセントを超えていて、施設が整備されたリゾート島が全国に100カ所以上もある。漁業のGDP比率は2～3パーセントにすぎないが、リゾート島以外ではいまも重要な産業である。JICAはモルディブ政府の要請を受けて、この水産セクターの開発計画作りを競争入札で募集し、インテムが落札した。

プロジェクト対象地域は国の全域で、外洋漁業（カツオ、マグロなど）とリーフ漁業（ハタ類、タイ類など）、養殖漁業（ナマコ、ハタ）、漁獲後の処理／付加価値向上（カツオ節など）の4つのセクターアプローチによって分析を進め、それぞれ試験的なパイロットプロジェクトを実施しながら将来の計画案を作成する事業である。私は、総括／漁業政策担当として計画案をとりまとめた。

各セクターでは日本側専門家と現地カウンターパートのチームで、カツオの一本釣り漁船の活餌の生残率改善、マグロ釣り上げ後の鮮度の維持向上、深海性イカ資源の探索調査、ナマコの試験養殖など6つのパイロットプロジェクトを実施した。それぞれが所期の成果を納め、それにもとづいて将来計画を練った。深海調査ではソデイカ資源が確認されるなど高い評価をもらうことができた。

こうしてカウンターパートとともに作成した計画案をモルディブ政府漁業農業省に提出した。そして、プロジェクトとしてこの計画案が公式なものとなるよう働きかけたが、残念ながらそれについては保留とされた。政府の公式文書とするには、背景に複雑な政治的思惑が関係していたようだ。

飲酒禁止でも空港のホテルバーなら缶ビール１本６００円

私は２０１４年から3年間に10回、延べ９カ月、このプロジェクトで同国を訪れた。しかしその間、リゾート気分を味わったのは日帰りで近くのリゾート島に行ったときだけだった。モルディブはイスラム国家で、リゾート地以外ではアルコール類の持ち込みも飲酒も禁じられている。私が滞在する首都マレでも飲酒は厳禁で、近くで唯一酒が飲めるのは、海を渡って対岸にある空港のホテルのバーだけである。

しかし、そこでは一番安いアルコールが缶ビール4本セットで350ルフィア（約2500円）、つまり缶ビール1本600円以上する。おつまみでいちばん安い鶏手羽の唐揚げが1300円。とはいえ、そこは酒飲みの性で、夜な夜な海を渡って憂さ晴らしすることになる。出だしは食事を頼むと高くなるから と、無料のポップコーンだけでビールをちびちびやるのだが、途中から気が大きくなって大散財する羽目になる。

インドネシアの「スラリーアイス製造装置を活用した案件化調査」

ＪＩＣＡは日本の民間企業が実施する海外事業を支援する「民間連携スキーム」をスタートさせ、ＨＰでその背景、目的を次のように説明している。

「2015年国連総会において採択された、持続可能な開発目標（ＳＤＧｓ）では、貧困からの脱却と持続可能な開発を実現するため、あらゆる関係者の連携が重視され、民間企業の技術やアイディアによる貢献が期待されており、開発途上国で多様なビジネスチャンスが拡大していくものと考えられます。

ＪＩＣＡは、国内14か所、海外約100か所の拠点を有し、現在150以上の国・地域でＯＤＡ事業を展開しています。ＯＤＡ事業を通じて蓄積した海外の現地情報や豊富なネットワークを生かし、ＪＩＣＡは開発途上国への海外展開をご検討される企業の皆様を支援します」

このスキームの一つに、国内の中小企業が海外進出する場合の調査活動を支援する「案件化調査」がある。中小企業が技術調査や投資環境調査を実施する際、その手助けとして私のようなコンサルタントを雇用することができる制度である。JICAが求める調査のレベルを指導し、報告書の質を確保するためにコンサルタントの出番となったのである。

スラリーアイスとは結晶が極めて小さいシャーベット状のどろっとした氷のことで、魚体にまとわりつく感じで魚を効率よく冷却できる。このため鮮度の保持に優れている。このスラリーアイス製造装置を開発したのが高知県室戸市にある泉井鐵工所で、私が高知県出身の開発コンサルタントという縁で現地調査を手伝うことになった。企画打合せの結果、JICAが求める「相手国政府の課題解決に資するような事業」という視点から、インドネシアのジョコ大統領が力を入れている、開発の遅れている島嶼部の産業振興に焦点を当てた調査のプロポーザルを作成し、首尾よく採択された。

具体的には、プロジェクトサイトに選んだ南スラウェシ州マカッサルにスラリーアイスの製造装置を持ち込んで、実際に魚を冷蔵保存して首都ジャカルタへ空輸し、食味・食感テストをやってみた。結果はたいへん良好だった。しかし、現地でニーズが高かったのは漁船に搭載する方式のスラリーアイス製造装置だったので、泉井鐵工所は直ちに海外進出を本格化するのではなく、さらに技術開発を進めるという選択をした。

このようにモルディブとインドネシアの2つの案件は、計画段階で結果的にペンディングとなったが、「時代のニーズに合った新規分野へのチャレンジ」をめざすインテムにとっては、貴重な経験となった。この姿勢こそがビジネスにとって重要だと私は考えている。開発コンサルタントとしては、たとえ「ダボハゼ」と言われようとも、新しいものに失敗を恐れずに挑戦していく貪欲な姿勢こそが重要である。それによって専門分野の裾野を広げ、奥行きを深め、守備範囲をいっそう広げていくことで、時代の変化に適応していけるスキルアップが図られるからだ。

プロジェクトのロゴマーク

カンボジアの淡水養殖プロジェクトの活動から、私が担当する本格プロジェクトではシンボリックなロゴマークを作成し、使用している。事業発注者が付けたものでも、また求められたものでもなく、インテムが「勝手に」作って、とくに現地でプロジェクトの「Show the Frag」として使っているものだ。みんなの気持ちを一つにしてゴールをめざそうという意味でもある。そのためには、親しみがもてるロゴでなければいけないと思って工夫した。

最初は自分たちで作ってみたが、しょせん素人のやることでダサいものばかりだった。これではとても心は一つにならないと思い、専門のデザイナーにお願いすることにした。しかし、先立つものはない。そんな予算はプロジェクトに計上されているわけがない。そこで、いつもの土居流のお願い作戦となった。私は仕事の合間にときどき養殖系の業界誌などに雑文を寄稿しているので、知っている編集者やデザイナーに無理をいって「お友達価格」でロゴをお願いした。

それが左図のようなものである。カンボジア版は、プロジェクト名の略称「FAIEX」で養殖の代表魚のシルバーバーブを表現してもらった。ベナン版は、同じく略称の「PROVAC」の文字にティラピアとナマズをあしらった。そして、最近のモルディブ版の「MASPLAN」では、高田馬場駅裏にある

カンボジアFAIEXプロジェクトのロゴマークとそのモデルのシルバーバーブ。

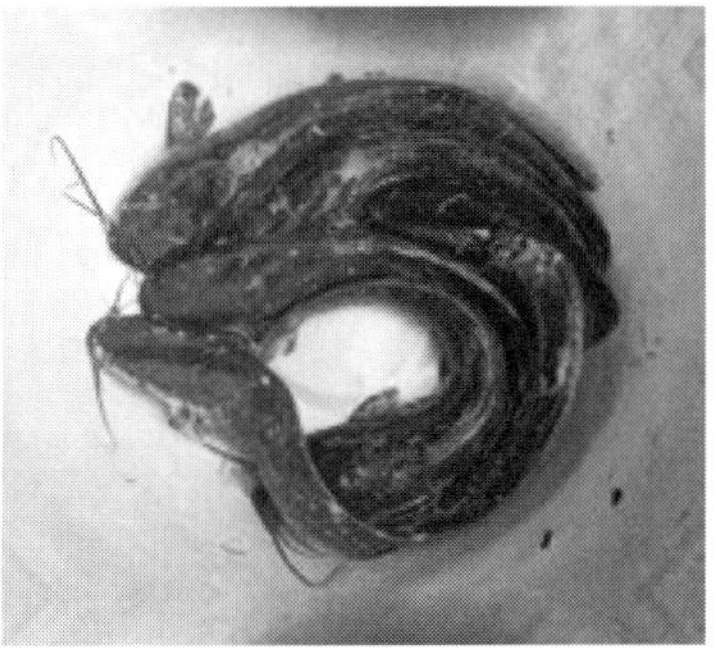

ベナンPROVACプロジェクトのロゴマークとそのモデルのティラピア（左）とアフリカナマズ（右）。

モルディブMASPLANプロジェクトのロゴマーク。誰が見てもわかるカツオがモデル。

小さなバー「ざざんざ」でたまたま酒を酌み交わすようになったデザイン界の大御所、多摩美大の秋山孝先生にお願いして素晴らしいカツオのイラストを頂戴することができた。

すべてプロジェクトが取り組む対象魚をモチーフにしたもので、それぞれに深い思い入れがあり、プロジェクトにとっても私にとっても、たいせつな宝物である。このロゴマークのおかげでプロジェクトチームの思いが一つになり、さまざまな難局を乗り越えて来られたと、私はそう思っている。

親日本になってもらう「プロジャパン」作り

国際協力、政府開発援助（ＯＤＡ）の是非に関しては、これまでいろいろ議論されてきた。さまざまな分野の有識者も持論を展開してきた。それらの意見は一般によく整理され、参考になる点も多い。しかしその反面、開発途上国の現場に張り付いて働く実務者の視点からすると、「それは違うよな」と言いたくなることもしばしばある。

途上国のプロジェクトの現場は、本音と建前が思いっきり交錯する場であり、「大人の事情＝政治的背景」も数多く存在する。各ドナー間の援助方針ややり方にも違いがある。正論を押し通して乗り切ればよい、というような単純な世界ではない。

開発プロジェクトの現場はそのようなドナーや途上国の思惑、そしてコンサルタントやゼネコン、商社、メーカーといった民間企業の思惑が入り乱れる仮面舞踏会のような一面もある。最近ではＮＧＯや市民団体の人たちまで参加している。

私はそのような現場で36年間にわたって民間コンサルタント、あるいはＪＩＣＡ専門家として国際協力事業に携わってきた。自分としては「プロ」の自負をもって汗を流し、生き抜いてきた。

では、なぜ、なんのために私は1年の半分以上の時間を途上国の現場で働きつづけてきたのだろうか。なんのために国際協力にこだわるのだろうか。

その答えとしてもっともしっくりくるのは、私が学生時代に恩師の多紀保彦先生から聞かされた、「プロジャパン」だろう。国際協力の目的は、プロジャパンの国や人々を作ること、これである。プロジャパンとは、日本のやり方や考え方を正しく理解してくれる国と人を増やしていくこと、つまり「親日本」の国と人々を作っていくことである。私は、そう確信している。

といっても、開発コンサルタントはビジネスであり、ボランティアではない。それなりの報酬はしっかりもらう。もらった分だけ、しっかり途上国の発展に寄与する。それがプロジャパンにつながっていくのである。そして、その原資が税金である以上、日本の納税者に対して、プロジャパンの観点からしっかり貢献していると胸を張れるようでなくてはいけない。高知のオヤジとオフクロにも説明して納得してもらう必要がある。なかなか険しい道だが、それができればコンサルタント冥利に尽きるというものだ。


「専門家」の心構え、コンサルタントの心得

私が「プロジャパン」めざして、JICAの専門家や開発コンサルタントとして働く際に心がけていること、心得について述べておこう。

自分でできることはなんでもやる： 実務における心構えの基本は、「途上国のために、自分でできることはなんでもやる」ことだ。これは2006年に「インドネシア国チビノン生物多様性保全活動のための施設維持管理及び標本開発プロジェクト事前調査」でいっしょに仕事をした大先輩、気骨あるＪＩＣＡ専門員で知られる大田正豁さんの言葉である。

「土居さん、技術協力の専門家って、要するに自分ができることはなんでもやるってことだよ」とアドバイスされた。つまり、専門的な技術を教えるという狭い発想ではなく、人知を尽くしていかに貢献できるかを考えろ、ということだ。

仕事で請け負ったからには、クライアント（主にＪＩＣＡ）から指示された専門分野の成果は、なにがなんでも出さなければならない。しかし技術協力という仕事は、開発途上国のさらに「未開発」の部分を扱うわけだから、とてもプロジェクト計画書で予測したようにはいかず、また際限なく次から次へと問題が噴出するものだ。だから、そんなことでいちいち言い訳しているわけにはいかない。

そこで私は、与えられた契約期間内で、プロジェクトの一段階上の目標（上位目標）を見据えて、あらゆる知恵を絞って、必要とあらば悪知恵にも助けてもらい、現地の状況を広い視点で見渡しながら、利用できるものはなんでも利用するという心構えで対処している。

１００点満点は必要ない、80点をめざす： 他方、旺盛なボランティア精神からかコンサルタントのなかには、契約した業務期間が終わっても、言われたことはなんでも追加的な「サービス（残業）」をする人がいる。私は、それは違うと思っている。プロはコスト意識をしっかりもって、メリハリをつけて仕事に臨むべきである。業務契約書にない追加作業があった場合、追加料金をもらってやるべきだ。もしくは社内できちんと説明して、社としての営業サービスあるいはＣＳＲと位置付けてからやることだ。

これに関しては、システム科学時代の上司である冨山保さんの助言をいまも忘れない。冨山さんの教えは、「コンサルタントの仕事は100点満点の『優』をとる必要はない。そんなエネルギーがあるなら70点の『可』で終わらせて、次の仕事の準備、受注に傾注すべきだ」ということだった。表立っては言えないことながら、ビジネスの世界ではまさに至言である。とはいえ私としては70点では低すぎるので、100点満点をとる心構えで働き、通常は80点の「良」の評価をめざすことにしている。

時間厳守： これもビジネス全般に言えることだが、コンサルタントとしても重要視されるのは時間管理である。コンサルタント業務の重要な成果の一つは「報告書」であり、仕事の評価も報告書にもとづいておこなわれる。しかし、ここで大事なのは、期限切れでいくら立派な報告書を提出しても「0点」ということだ。とにかく決められた締め切りまでに、様式に準じた報告書が提出されなければ、努力はすべて水の泡である。たとえ不十分、未完成であっても、途中まででも、とにかく「時間厳守」である。

実際のところJICAの業務では、契約期間内にすべての作業を終えるのは至難の業である。開発途上国におけるコンサルタント業務には無理難題とも思えるような想定外の問題がつきまとうから、報告書を作成するころには押せ押せで膨大な作業量になるのが常である。そこで、業務指示の内容と与えられた期間、時間を計算して、いかに80点をクリアするかを考えなければいけない。そのうえで、狙える場合には100点でも120点でもめざして、実力をキラリと発揮して見せるというレベルになれば、本当のプロフェッショナルといえるだろう。

粘り強さと不屈の意志： 開発コンサルタントはクライアントと契約を交わし、「業務指示書」に従って、期待される成果をめざすわけだが、実際に現場へ行ってみたら、聞いていたのと大違いなんていうのは珍しいことではない。いっしょに仕事する「はず」のカウンターパートは別の仕事で忙しくて不在、その他関係者は全員出張中。予備調査の報告書とデータがある「はず」なのに、Ａ４半ページの箇条書きメモだけ。現地業務費は厳密に積算された「はず」なのにすべてアバウトで、すぐに予算オーバー。差額はすべて自社負担となる。慎重に分析した計画目標は、そもそも前提となるデータが不正確だから見通しが立たない……こんな話は日常茶飯事である。

ＯＤＡは外交のツールとして活用される裏技的な側面も持っている以上、現場では理不尽な事態にしばしば遭遇する。相手国側から、こんなことを言われることもある。「だって、日本が援助したいと言ってきたから要請したんですよ」「あなたはコンサルタントだから、きちんと仕事して成果を出してください。我々は忙しいのでサポートできません」。えっ、なんか違うんじゃないの、と呆れるばかりだ。経緯はどうあれ、私たちは外交ルートを通じた公式の協力要請を受けて派遣されているわけだから。

日本の技術協力の原則は、相手国政府が主体となって取り組む事業を、関係部局、担当者などといっしょに考え、技術的にサポートするというものである。相手国政府の高官が叱咤激励するのは私ではなく、自国のスタッフにである。

このような噛み合わない関係はそれぞれのお国柄、諸事情と同時に、担当者の属人的な部分にも大きく左右されるのはいうまでもない。まあ日本の役所にも、国の将来を見据えて献身的に職務に邁進する人もいれば、妙に偉ぶった小役人風の人もいるから、途上国のことばかりを批判もできない。大いにフラストレーションが溜まる状況がそこにある。

これまで私が関わってきたプロジェクトで、問題がなかったものなど一つもない。それは国際協力の本質的なむずかしさであり、それらを一つひとつ解決していくのが開発コンサルタントの仕事である。したがって開発コンサルタント、とくにプロジェクトマネージャークラスに求められる資質には、「粘り強さ」と諦めずに立ち向かう「意志」が欠かせない。壁にぶち当たってダメだと思っても、もう一度代替案を考える、一歩下がって再挑戦する、あらゆる角度から解決策を探る、たとえベストでなくても迂回路は必ずあるはずだ。

「粘り強さ」に関する私の座右の銘はアメリカの第13代大統領カルヴァン・クーリッジの次の言葉である。

「この世に粘り強さ(persistence)に代わるものはない。能力でもダメだ。素晴らしい能力を持ちながら成功できなかった人間など山ほどいる。天才でもダメだ。〝不遇の天才〟は、今や決まり文句といってよい。教育でもダメだ。世界は教養ある落伍者であふれているではないか。粘り強さと決意、それだけがすべてに打ち克つ」

パワーゲームの重要なカードとなるODA

「外交は武器を使わない戦争」とも言われるが、国際協力の現場はまさにそのとおりだと実感する。とりわけ水産分野には「水産無償」と呼ばれる開発途上国支援の援助形態があり、2国間の漁業交渉や国際捕鯨委員会(IWC)などの国際会議で投票権獲得のカードとして利用されていることは周知の事実である。「あなたの国の発展のために援助で協力するから、あなたの国も日本の外交政策に理解を示してください。ぜひ日本と同じ価値観を持ってください」ということである。

私は、これはまったくの正論だと思う。国際社会における欧米などの援助の現場でも、これは「ジョーシキ」である。公式の場でそれを堂々と言わないことも「ジョーシキ」であるが。

しかし、開発コンサルタントとしての視点からいうと、この論理は両刃の剣ともなりかねない。例えば、ある途上国においていかに水産分野での援助ニーズがあるとしても、反捕鯨国ということになると、日本政府としてはプロジェクトの採択はやりにくい。つまり、コンサルタントが活躍できるマーケットが減るということになる。このように国の政策的な援助方針は、痛し痒しである。

露骨な中国の進出のなかで日本のODAカードの将来は

一方で、最近の中国の国家主義的なODAの供与は目を見張るものがある。モルディブでは、首都マレのある本島と空港島をつなぐ連絡橋が中国の援助で建設中で、工事中の橋脚には「China-Maldives Everlasting Friendship（中国とモルディブの変わらぬ友好）」を強調する派手なネオンが掲げられている。ヤーミン大統領の意向を反映したものといわれ、次の大統領選挙までに完成させて続投につなげようとする政治的思惑が透けて見える。中国にとってもモルディブを海の「一帯一路」戦略の拠点と位置づけ、援助の見返りに軍事基地建設を狙っているといわれる。

アジアやアフリカでも中国は、インフラ整備支援事業を精力的に進めている。日本のように相手国の「自助努力」を条件にしないまま、政権の意向に沿って政府関係の建物やスポーツ文化施設、道路、橋などのインフラ整備が盛んにおこなわれている。「中華思想」というか、中国の世界戦略という動きを身近に感じる。

こうした建設現場には決まって中国人労働者が大量に送り込まれていて、経済や社会に大きなインパクトを与えている。街では中国人が列をなして闊歩し、「ニーハオ」の声が飛びかい、チャイニーズレストランが軒を連ねている。

このような国際協力のパワーゲームのなかで、日本のODAは、これからも重要なカードの1枚でありつづけられるだろうか。

東南アジアでのODAの達成感とウィンウィンの関係

私が30代でJICA専門家をやっていた時代は、日本のODAの最盛期で、日本経済もバブルの時代だった。私も、その我が世の春を末席で謳歌させてもらった。日本の繁栄に追い付け追い越せといわんばかりの東南アジアにも、躍動感があった。

最近はフェースブックという便利なものが出現したおかげで、そうした東南アジアの昔のカウンターパートや関係者ともしっかりつながるようになり、日常的に近況を交換しあっている。長期専門家時代にマレーシアのクアラブスットの種苗生産場で机を並べていたフセインさん、タイのバンペイでゴマフエダイの飼育に明け暮れたタニンさん、フィリピンのイロイロで楽しく仕事させてもらったジョバートさん、インドネシアの農林業特別借款事業で下請けコンサルとしていっしょに働いたヌールさん、カンボジアの淡水養殖プロジェクトで議論を戦わせたビセスさんらである。ほかにもラオス、ベトナムと懐かしい顔が何人も思い出される。

現役で活躍中のビセスさんを除いて、みんな私と同じくらいの年齢で、55歳前後で公務を終えてからは、ゴルフだ家族旅行だと人生を楽しんでいるようだ。タニンさんは最近、家族で日本に遊びにきていた。当時よちよち歩きだった娘さんの新婚旅行は北海道だったそうだ。現在、経済的に私と彼らのどちらが裕福かといえば、彼らのほうかもしれない。

このようにカウンターパートたちの目に見える生活水準の向上を考えると、総合的に見て、日本のＯＤＡがアジア諸国の経済発展に大きく寄与したことは間違いない。アジアの主要都市には日本の百貨店はじめさまざまな店舗が軒を並べ、近郊では日本企業の労働集約型の工場が数多く稼働している。ＯＤＡが呼び水効果になり、民間ベースでの「ウィンウィン」の経済関係が構築できたのである。これらアジアの国々とは、今後は真の意味での対等なパートナーとして交流を深め、一つの経済圏として発展していければと願っている。

今後のＯＤＡのあるべき姿に重なる、土佐の坂本龍馬

その一方で、アジアから一歩外へ出ると日本の存在感はグーンと低下する。この10年間、いや20年間、国際社会における日本の援助パワーは相対的に減少してきた。限られたＯＤＡ予算をどう有効に使っていくかについて議論されるべきなのは言をまたないが、では、具体的にどのように配分していけばよいのだろうか。

例えば、日本はアフリカへの支援を主導する「アフリカ開発会議（ＴＩＣＡＤ）」によって国際貢献をアピールしてきた。２０１３年からは、「ＡＢＥイニシアティブ」でアフリカの若手人材を日本に積極的に受け入れてもいる。しかし、いまだ政治的にも経済的にも不安定なアフリカ諸国に、アジアの成功体験が適用できるかどうかはわからない。中国と互角に張り合えるだけの援助インパクトを醸成できるのだろうか。少なくとも、日本の民間企業がＯＤＡのあとを追随して、現地にこぞって進出するという状況ではなさそ

うだ。

こうした状況下で、そもそもサイレントマジョリティである日本の納税者は、もっとアフリカに援助すべきと真剣に考えているだろうか。いっそのこと、気心の知れたアジア諸国に、よりいっそうのODA予算を配分してはどうかという議論もあるのではないか。

こんな話を飲み屋の議論として日常的にやってはいるが、私自身も確たる答えを持ち合わせているわけではない。ODAは、日本が国際社会で比較優位を保つという全体戦略も含めての「プロジャパン」作りであり、もっと具体的に目に見える形でその効用を納税者にアピールしていく必要がある。

その意味では、国益を大所高所から考えて案件を落とし込んでいくような、政治案件があってもかまわないだろう。私はそう考えている。ただ、日本の国益といった場合、具体的に何を指すのかは人によって、業界や立場によって違うだろうし、時代によっても変わっていくだろうから、簡単には答えを出せないのも理解できる。

説得力、指導力があって、人間的にも魅力的な坂本龍馬のような日本のリーダーは出てこないものだろうか。

知られざる食料生産のメジャー淡水養殖

地球規模の視点から世界に目を向けると、日本にいるとわからない地平線も見えてくる。日本で水産業というと斜陽産業と思われているが、世界的には食料生産を担う観点から、いまもっとも注目されている分野と言ってもよいだろう。そう、私のライフワークともいうべき魚の養殖である。とりわけ淡水魚の養

図1 世界の漁獲・養殖生産量の年代推移　出典：FAO 2016

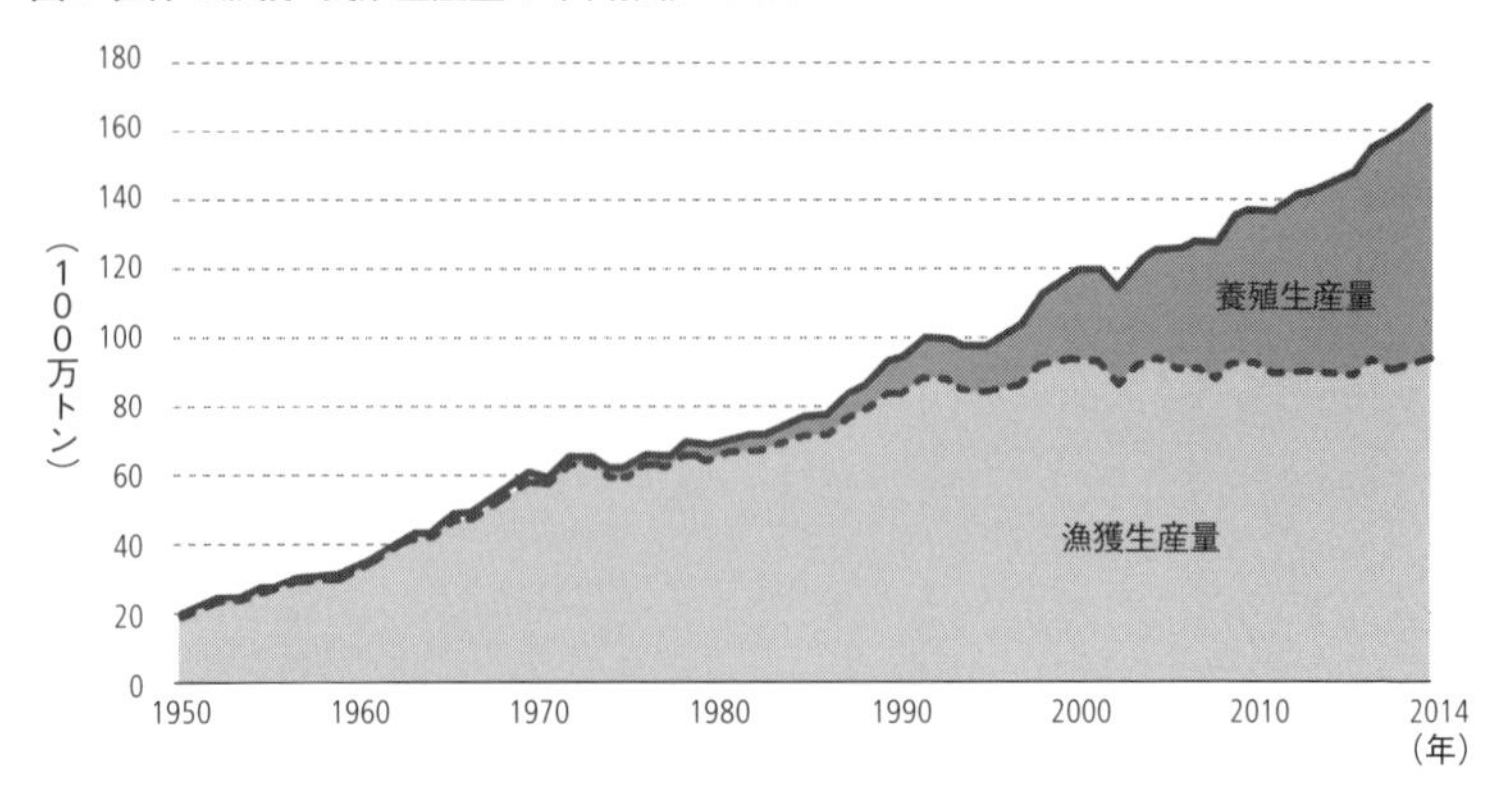

図2 中国を除く世界の養殖生産量の内訳（2014年）　出典：FAO 2016

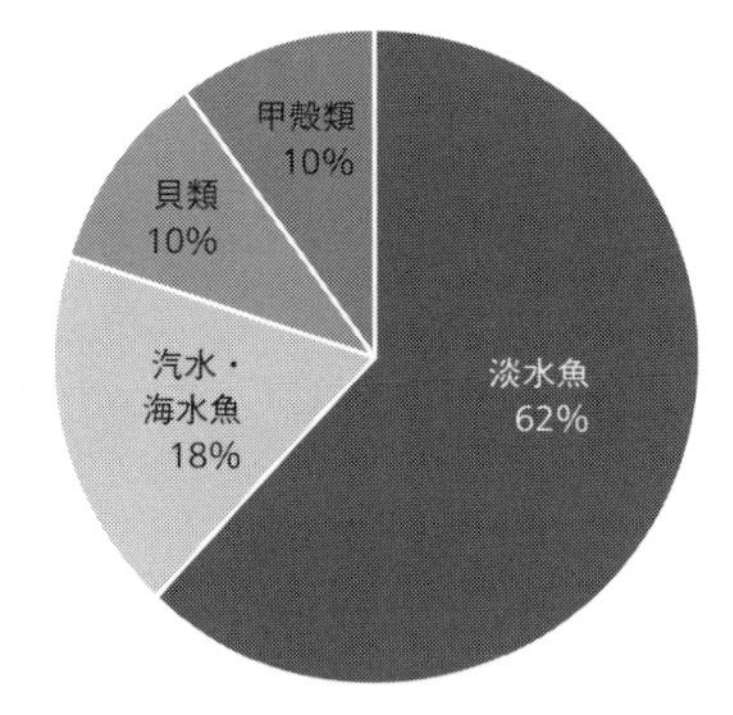

きょうもにぎわうインドネシアのマカッサル水揚げ場のようす（2016年）。

殖振興である。
専門家のあいだではすでに常識だが、世界の水産物の生産は、獲る漁業は頭打ちの状況がつづき、一方で、養殖はいまも右肩上がりで生産増大がつづいている。2014年のデータでは、漁獲による漁業生産量9340万トンに対して、養殖生産量は7380万トン（海藻養殖は非食用が多いことから除外）となっている（図1）。このまま順調に養殖生産量が伸びていけば、近い将来、この数字は逆転するだろう。世界の潮流は、まさに獲る漁業から養殖漁業へと転換しているのである。

日本で養殖といえばハマチやタイ、カキ、そして最近ではマグロなど海面養殖が主流だが、世界に目を向けると海面養殖は相対的にマイナーであって、メジャーは淡水養殖である（生産量ベースの場合）。統計上、世界の養殖生産の6割以上の4547万トンは中国1国によって生産され、そのうちの6割がコイ類やティラピアであるが、中国のデータは信頼性が低いと言われているので、それらを除いた数字で内訳を比較したのが図2である。これを見てわかるように、中国を除いても世界の養殖生産の中心は淡水魚ということになる。

最近の注目魚としては、ベトナムのメコン川下流デルタ一帯で大型網生け簀を使って養殖されている淡水ナマズのパンガシウスである。その生産量はベトナム1国で100万トンを上回ると言われている。これは日本のサバの漁獲量（49万トン、2016年）の倍以上、ハマチ養殖生産量（14万トン、2016年）の7倍以上に相当する。パンガシウスの切り身はすでに日本にも大量に輸入され、大手スーパーで販売されている。

このような世界の潮流のなかで、もう一つ注目を集めているのが、すでに述べてきた「未知なる養殖大陸アフリカ」である。私は、まさにその最前線で奮闘してきたわけだが、正直なところ、アジアからアフリカへシフトした当初は、社会環境があまりにも違いすぎて苦労の連続だった。ODAプロジェクトとして各国政府や現地との調整のむずかしさは半端ではなかった。しかし、だからこそパイオニア的な先兵としてのやりがい、充実感も大きかったたし、今後もまだまだ、日本人がその経験や特質を生かして「働く場所」がいくらでもある大陸である。

若者たちに贈る言葉

私がこの業界に入った動機は、途上国の発展に貢献したいというような優等生的な考えではなく、自分自身の専門性を生かすことで最大のリターンが得られる場として選択した結果だった。有体に言えば、興味のある分野で仕事しながら、より良い給料を貰いたい、と思って飛び込んだ世界だった。いま、日本のGDP成長率は中国、ブラジルなどの新興国だけでなく、米国はじめ欧米先進国と比べても極めて低い水準にあるという現状を考えると、当面ODA予算の大幅な増額は期待できず、したがって開発コンサルタントとしてのキャリアパスを展望しにくい状況にあることは否定できない。

しかし、開発途上国での国際協力に意欲を燃やす人材は、少なからずいるはずである。いや、間違いなく多くいるはずである。私はそう信じている。

そんな人たちのために、恥ずかしながら、私の実務体験を率直に書かせてもらった。本書で述べてきたような私の経験談が、これから未知なる世界に飛び込んでいこうとする若者たちの道標になれば望外の喜びである。

モルディブMASPLANプロジェクトの深海試験操業で同国では初めて漁獲されたソデイカ。

筆者の近影。ベナンの養殖プロジェクトサイトで。

あとがき

この原稿を書いている２０１８年5月、うれしいニュースが届いた。第7章で紹介した水産セクターのマスタープラン作りを支援したモルディブから、日本側が引き上げたあと、現地カウンターパートだけでソデイカの釣り上げに成功したというのだ。そして、その漁具10ユニットを日本に発注したという。現地で実施した深海性イカ資源調査は当初計画にはなく、私たちがＪＩＣＡに提案してリスクテイクしながら挑戦した事業だから、それが地元の人々に自信を与え、根づいていくとすれば、開発コンサルタントとしてこれ以上の喜びはない。感慨はひとしおである。

開発コンサルタントは、開発途上国関係者の縁の下の力持ちである。表舞台に出ることはほとんどない。それでよいのである。プロジェクトの成果は相手国の自助努力を引き出すことであり、その環境やシステムを構築していくことである。つまり出口戦略である。しかし、途上国の現場では構想どおり、計画どおり物事が進むことは稀である。常に壁にぶつかり、試行錯誤を繰り返しながら出口を模索することになる。コンサルタントとして本領を発揮する場が、そこである。

開発コンサルタントの仕事は、これからも日本が世界レベルでステイタスを維持、発展していくために必要な、やり甲斐のある仕事である。とはいえ、私たちにとって辛いことは、一年の半分以上を海外で働くため、家族との生活に犠牲を強いることである。家内は、亭主元気で留守がいいのもほどほどよと呆れている。一人娘の誕生日に家にいたためしがなく、運動会など学校行事にもほとんど参加していない。本書は、これまで支えてくれた家族に対するささやかな贖罪の気持ちを込めて執筆した。

本書は徒然なるままに61年の人生を振り返った自分史でもある。誰でもそうだと思うが、この歳に至るまでには多くの失敗があり、絶望があり、辛酸があった。しかしまた、少しの達成感と誇りもある。それを書き残してみた。

原稿を読んでもらい、どうでもいいこと、筆がすべったところ、独りよがりの役に立たない部分を小気味よく切り落とし、なんとか世に出せるように編集の労をとっていただいた中村玲子事務所の武者孝幸さん、出版を快く引き受けていただいたＷＡＶＥ出版顧問の藤岡比左志さん、そして飲み仲間のために表紙のイラストもお描きいただいた多摩美術大学教授の秋山孝さんにお礼申し上げます。

本書で紹介した開発コンサルタント業務のほとんどがＪＩＣＡ発注のプロジェクトです。私もインテムコンサルティングも、これらのプロジェクトをＪＩＣＡのみなさんと仕事させてもらうなかで学ばせていただき、育てていただきました。数々の叱咤激励に心から感謝申し上げますとともに、今後とも良きパートナーとして、私たち開発コンサルタントをご活用いただけることを期待しています。

最後に、インテムコンサルティングの社員のみなさん、関係各位のみなさん、これまでのさまざまなご支援ご協力に改めて感謝致します。老兵に近づいてきましたが、もうしばらくおつきあいいただけることを願っております。

２０１８年6月

土居正典

土居正典（どい　まさのり）
インテムコンサルティング株式会社代表取締役社長
1957年3月高知県生まれ。東京水産大学（現東京海洋大学）水産学部
増殖学科卒／水産学博士、技術士（水産部門）
一般社団法人マリノフォーラム21理事
カンボジア国「騎士位勲章」受賞（2008年）
日本技術士会会長表彰（2010年）

私は「お魚系」開発コンサルタント
—アジア、アフリカ、中南米　国際協力最前線で36年間—

2018年7月17日　第1版第1刷発行

著　者　土居正典
発行者　玉越直人
発行所　WAVE出版
〒102-0074　東京都千代田区九段南3-9-12
TEL：03-3261-3713　FAX：03-3261-3823
振替：00100-7-366376
E-mail：info@wave-publishers.co.jp
http://www.wave-publishers.co.jp

印刷・製本　モリモト印刷

NDC666 190p 19cm
ISBN 978-4-86621-167-1